AF451737

N° 2 B   33ᵉ ANNÉE

BULLETIN ÉCONOMIQUE
DE L'INDOCHINE

INSPECTION GÉNÉRALE DE L'AGRICULTURE
DE L'ÉLEVAGE ET DES FORÊTS

RAPPORT AGRICOLE
DE L'ANNAM
POUR L'ANNÉE 1929

HANOI

1930

RAPPORT AGRICOLE DE L'ANNAM
POUR L'ANNÉE 1929

CHAPITRE PREMIER

STATISTIQUE DE LA PRODUCTION OU DE L'EXPORTATION PRINCIPAUX PRODUITS

La production des principaux produits agricoles de l'Annam est indiquée pour l'année 1929 dans le tableau suivant qui permet en même temps la comparaison avec la production de 1928.

PRODUITS	1928	1929	Différence	
			En plus	En moins
Paddy	915.412 T.	935.046 T.	19.634 T.	
Maïs en grains	56.000	52.200		3.860 T.
Sucre brun	32.000	35.000	3.000	
Fibres de coton	450	1.000	550	
Doliques, haricots	7.000	9.000	2.000	
Manioc	52.500	50.000		2.500
Arachide	5.000	5.000	sans changement	
Patates	180.000	80.000	sans changement	
Sésame	400	600	200 T.	
Ricin	60	35		25 T.
Noix de coco (coprah)	45.000	43.000		2.000
Fibres de jute	180	150		30
Noix d'arec	(?)	(?)	Récolte deficitaire	
Ramie		110 T.	110 T.	
Cannelle	1.400	1.200		200 T.
Thé (superficie cultivée)	3.000 Ha.	4.000 Ha.	1.000 Ha.	
Café	180 T.	250 T.	70 T.	
Cocons	1.200	1.000		200 T.
Tabac préparé	2.500	3.000	500	
Bovins (cheptel existant)	470.000 têtes	480.000 têtes	10.000 têtes	
Bubalins (—)	380.000	400.000	20.000 têtes	

Pour les riz la production de 1929 paraît supérieure à celle de 1928. Ce n'est qu'une apparence, car cette année nous avons compris dans le tableau les rizières de montagne cultivées par les moïs. En réalité l'ensemble de la récolte est déficitaire par rapport à celle de l'année précédente. Les typhons, les inondations, la sécheresse exceptionnelle de l'été ont fait que dans les provinces les plus rizicoles les rendements ont été médiocres.

Par contre, l'année a été favorable à la canne, au coton, aux doliques et haricots. Pour le caféier l'augmentation de production est surtout due aux nouvelles plantations qui entrent en rapport. Aucune épidémie n'étant survenue le cheptel s'est augmenté normalement. Le maïs, le manioc, le coprah, la cannelle sont déficitaires. L'année a été également nettement défavorable à la sériciculture par suite des fortes chaleurs et de la sécheresse de l'été.

CHAPITRE II

CLIMATOLOGIE

L'année 1929 a été par ses conditions météorologiques défavorable aux cultures.

A des périodes de sécheresse prolongée comme celle qui a sévi sur presque toutes les provinces de la côte de juin à août ont succédé des pluies diluviennes et des coups de vent violents qui ont causé de graves dégâts.

Dans le Nord-Annam, la hauteur d'eau tombée pendant l'année a été normale.

A Vinh, on a enregistré 1.712 m/m. d'eau pour 122 jours de pluie contre 1.837 m/m. 7 et 114 jours de pluie en 1928 ; mais ces pluies ont été mal réparties particulièrement dans le Ha-Tinh et dans toute la région moyenne.

Dans le Phu-Qui notamment, la sécheresse a été très sensible au mois de juin, et les faibles précipitations d'octobre sont anormales.

Deux typhons en septembre ont été nuisibles à la végétation des caféiers ; ils ont provoqué, outre des dégâts matériels aux bâtiments des concessions, la chute partielle des graines et la mort d'un certain nombre d'arbres dont le pivot a été cassé. La floraison de 1930 pourra de ce fait être un peu compromise.

Dans la région de Bim-Son et de Pho-Cat, province de Thanh-Hoa, un typhon survenu en août a causé d'assez sérieux dégâts.

Les fortes pluies d'octobre ont également provoqué des inondations dans les trois provinces, partielles il est vrai, mais néanmoins très préjudiciables.

Dans le Centre Annam, la hauteur d'eau tombée a été supérieure à la moyenne, 3.563 m/m. 7 à Hué contre une moyenne de 2.795 m/m ; mais là aussi sa répartition a été très irrégulière.

Avril, mai, juillet et une partie d'août ont été très secs, tandis qu'octobre et novembre ont reçu 2.400 m/m.7 d'eau.

Les rizières du Huyên de Lê-Thuy dans le Quang-Binh ont été en majeure partie détruites par les inondations prolongées causées par ces chutes d'eau diluviennes.

Dans le Sud-Annam, en comparant les pluies enregistrées pendant les sept dernières années, l'année 1929 nous apparaît comme moyenne.

Pluies enregistrées à Qui-Nhon :

Années	Hauteur de pluies	Nombre de jours
1923	1.415 m/m 5	118
1924	3.081 1	120
1925 ...	894 5	118
1926 ...	1.565 0	132
1927 ...	907 7	94
1928 ...	1.485 7	136
1929 ...	1.522 8	143

Au cours du premier trimestre, les pluies furent insuffisantes pour les besoins des plantes, le deuxième trimestre et les deux premiers mois du troisième furent particulièrement secs. Cette longue sécheresse eut un effet néfaste sur toutes les cultures : heureusement qu'en septembre grâce à quelques pluies, on put éviter un désastre qui s'annonçait complet. Les plantes, surtout les riz, en profitèrent pour reprendre une végétation à peu près normale, sauf dans certains endroits où la sécheresse avait trop sévi.

Les chutes d'eau enregistrées au cours du 4e trimestre furent normales, quelques petites inondations survenues en octobre causèrent cependant des dégâts dans les rizières qui n'avaient pu être récoltées à temps. Les crues de novembre et de décembre n'eurent aucun effet désastreux sur les cultures.

Dans le Haut-Donnai, le total des pluies pour 1929 est à peu de chose près égal à celui de 1928 : 1.490 m m. contre 1.574 m/m. La saison sèche 1928-1929 a été très longue et très accusée. Elle a commencé courant octobre et ne s'est achevée qu'en mai.

Cette saison sèche sévère semble être la règle, avec des variations quant à l'époque où elle se place. C'est ainsi que les pluies de 1929 ont été dans l'ensemble plus tardives que celles de 1928.

Les mois les plus pluvieux pour 1929 ont été mai, juillet, août et septembre.

Comme l'an dernier on a constaté une hygrométricité nocturne très élevée en saison sèche (99 %), une abondante rosée et un épais brouillard couvrant le sol le matin.

L'hygrométricité diurne a ses maxima pendant la saison des pluies.

Les vents du N. W. ont été rarement violents et ont causé peu de dégâts.

Au Kontum, il est avéré que des points assez rapprochés du plateau jouissent de climats locaux assez différents : ce fait favorise sensiblement certaines plantations vis-à-vis d'autres.

Les différences observées notamment entre les chutes de pluie sur différents points sont surprenantes mais certaines. Elles semblent dues, pour une plantation, à la présence du Chi-Ho-Drou, qui jouerait le rôle de centre de condensation, et pour d'autres au voisinage des forêts et des chaînes situées au Nord. Ce fait est particulièrement intéressant en ce qui concerne la production du thé.

D'une manière générale, l'année a été caractérisée au Kontum par des précipitations atmosphériques supérieures à la moyenne (+ 67m/m8 à la station). Ce fait explique en partie l'aspect particulièrement satisfaisant des plantations. À la station, si le total est supérieur à la moyenne, la répartition est au contraire mauvaise : en dehors de la période mai-octobre, les précipitations sont insignifiantes, et bien inférieures à la moyenne. En somme début de pluies tardif, fin de pluies précoce. Ailleurs, au contraire, la hauteur d'eau totale est un peu mieux répartie que ne l'indique la moyenne.

Au Darlac, la hauteur totale est inférieure de 84 m/m. 4 à la moyenne, le début des pluies est assez tardif, et la fin est normale.

Il a fait en moyenne en 1929 moins chaud de janvier à mars, plus chaud d'avril à septembre, et moins chaud d'octobre à décembre.

D'une façon générale, la végétation au cours d'une année se poursuit de la façon suivante :

Janvier-février. — Par suite de la sécheresse, la végétation est presque arrêtée. Cependant si des façons appropriées sont données sur les terrains cultivés, les plantes continuent à croître sensiblement.

Fin février-mars-avril-mai. — Avant les premiers orages, la végétation marque, *sans cause apparente* une reprise très nette, faisant l'effet d'un véritable réveil. Cette reprise se poursuit pendant toute la période des orages. Floraison du café et du thé. — Germination des graines.

Juin-juillet-début août. — Pendant les grandes pluies, la végétation se ralentit, par suite probablement du manque de lumière.

Fin août. — Cette période est marquée par un léger arrêt des pluies, et une nouvelle poussée de végétation.

Septembre à décembre. — Après s'être de nouveau ralentie, la végétation reprend de plus belle, et devient extrêmement intense : on peut dire que la plus grande partie de la croissance s'effectue entre septembre et novembre : c'est à ce moment seulement que les chemins et les herbages deviennent impraticables. Cette époque sera certainement celle de la grande production de feuilles pour le thé. Maturation du café en novembre et décembre suivant les localités.

À partir de décembre la végétation, par suite de la sécheresse, se ralentit, mais ce ralentissement, en terrain cultivé, est beaucoup moins important que l'on a bien voulu le dire.

CHAPITRE III

CRÉDITS AFFECTÉS AU DÉVELOPPEMENT AGRICOLE DU PAYS
PERSONNEL DES SERVICES AGRICOLES

PERSONNEL EUROPÉEN

À la fin de 1929, le personnel européen comprenait :

a) en service :

Un ingénieur principal, chef de service,

Deux ingénieurs et quatre ingénieurs adjoints, chefs de secteurs, dont trois sont en même temps chefs des Stations de Cao-Trai, Plei-Ku, Lang-Hanh.

Deux conducteurs adjoints aux chefs de Station de Plei-Ku et Lang-Hanh.

b) en congé administratif :

Deux ingénieurs adjoints.

PERSONNEL INDIGÈNE

Il comprend :

4 agents techniques ;

39 agents du cadre secondaire.

Pendant le premier semestre, le personnel européen en service par suite de l'absence en congé de cinq ingénieurs ou ingénieurs-adjoints était insuffisant pour assurer la marche des services aussi les 3e et 4e secteurs avaient été laissés sans titulaire ; mais actuellement la situation est rétablie, le service fonctionne d'une façon normale, on peut prévoir qu'il en sera de même en 1930.

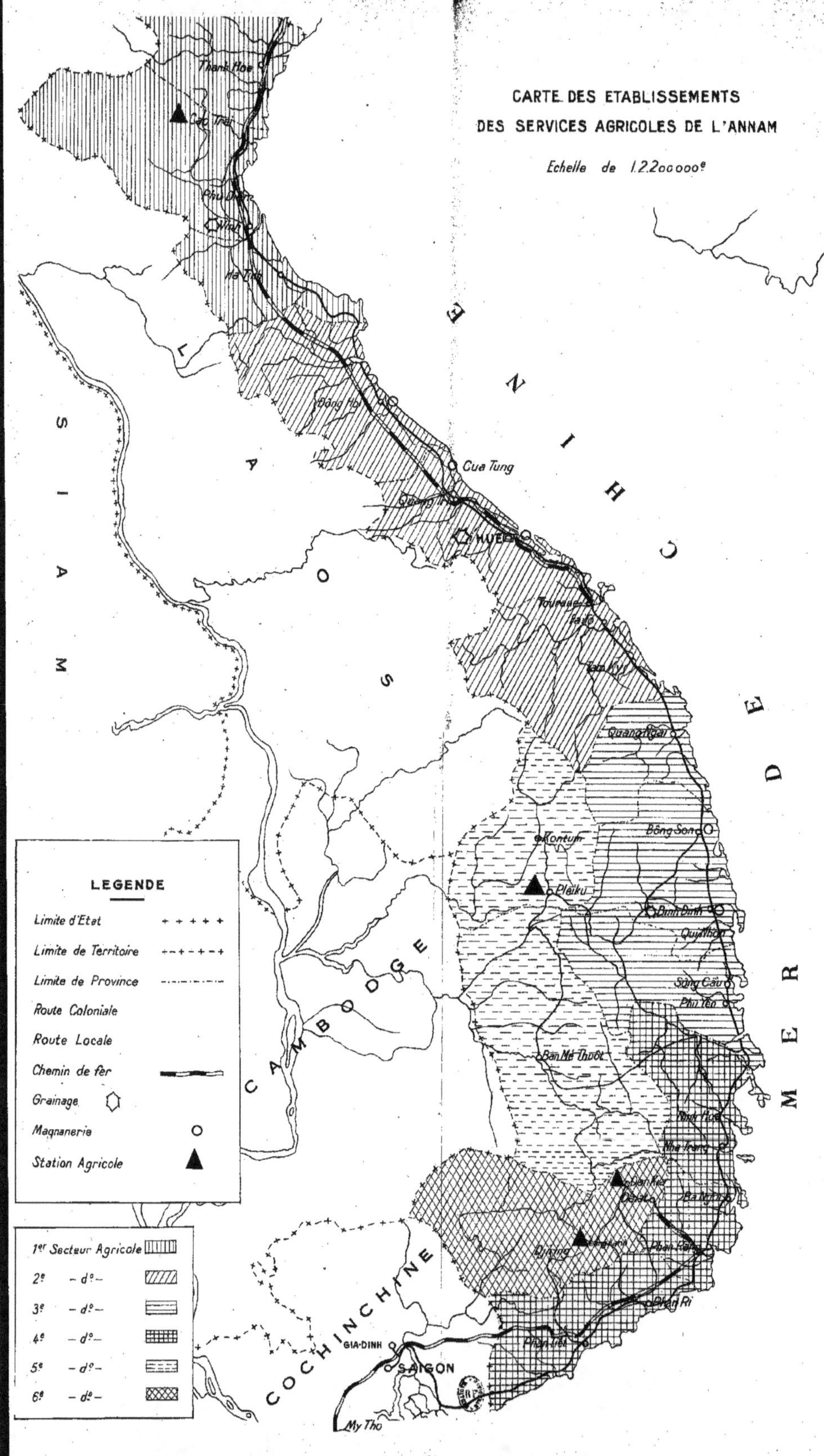

CARTE DES ETABLISSEMENTS
DES SERVICES AGRICOLES DE L'ANNAM
Echelle de 1.2.200.000e
SIAM
LAOS
CAMBODGE
COCHINCHINE
MER DE CHINE
Thanh Hoa
Ca Tron
Phu Dien
Vinh
Ha Tinh
Dong Hoi
Cua Tung
Quang
HUE
Tourane
Faifo
Tam Ky
Quang Ngai
Bong Son
Kontum
Pleiku
Binh Dinh
Quy Nhon
Song Cau
Phu Yen
Ban Mê Thuôt
Tuy Hoa
Nha Trang
Dien Hoa
Dalat
Ba Ngoi
Djiring
Phan Rang
Phan Ri
Phan Tiet
GIA-DINH
SAIGON
My Tho
LEGENDE
Limite d'Etat   + + + +
Limite de Territoire +-+-+-+
Limite de Province   -·-·-·-
Route Coloniale
Route Locale
Chemin de fer   ▬▬▬
Grainage   ⬡
Magnanerie   ○
Station Agricole   ▲
1er Secteur Agricole
2e   - do -
3e   - do -
4e   - do -
5e   - do -
6e   - do -

INSPECTION DE L'AGRICULTURE

Aucune modification n'a été apportée au cours de l'année à l'organisation des secteurs d'inspection agricole dont le tableau suivant indique la répartition.

	Siège	Provinces
1er secteur agricole	Vinh	Thanh-Hoa, Nghè-An, Ha-Tinh,
2e secteur	Hué	Quang-Binh, Quang-Tri, Thua-Thiên, Quang-Nam.
3e secteur	Qui-Nhon	Quang-Ngai, Binh-Dinh, Phu-Yên,
4e secteur	Phan-Rang	Khanh-Hoa, Ninh-Thuân, Binh-Thuân.
5e secteur	Plei-Ku	Kontum, Darlac.
6e secteur	Dankia	Haut-Donnai.

En fin d'année, tous les secteurs sont pourvus de titulaires.

Les chefs des 1er, 5e et 6e secteurs sont en même temps chargés chacun en ce qui les concerne de la direction des Stations expérimentales de Cao-Trai (Nghè-An), Plei-Ku (Kontum) et Lang-Hanh (Haut-Donnai).

STATIONS EXPÉRIMENTALES

Au cours de 1929, l'institution des Stations Expérimentales dont la plus ancienne date de 1926 a été continuée dans le cadre des moyens mis à la disposition du service.

La programme de la station des théiers et caféiers de Plei-Ku tout en étant respecté dans ses grandes lignes a été réduit, les crédits affectés pour le fonctionnement de cet établissement, crédits qu'il ne faut pas s'attendre, vu les possibilités budgétaires, à voir augmenter, ne nous permettant pas de réaliser ce programme intégralement.

La Station de cultures maraîchères de Dankia placée jusqu'ici sous le contrôle du Chef des Services Agricoles est devenue Station Municipale et dépend uniquement du Résident-Maire de Dalat ; son fonctionnement est assuré en partie par le Chef du 6ᵉ secteur dont le siège est à la Station même.

Les centres d'expérimentation agricole sont indiqués dans le tableau suivant.

STATIONS	CULTURES	PROVINCES	DATE DE LA CRÉATION
Station expérimentale de Plei-Ku	Caféiers et théiers	Kontum	1926
Station expérimentale des textiles et du café de Cao-Trai	Café et textiles	Phu-Qui (Nghê-An)	1927
Station expérimentale de Lang-Hanh	Quinquina	Haut-Donnaï	1927

CRÉDITS AFFECTÉS POUR LE FONCTIONNEMENT
DES SERVICES AGRICOLES EN 1929

Personnel européen .... 48.627 $ 00
Personnel indigène 39.561   00
Accessoires de solde 9.029   00
Personnel ouvrier et subalterne 4.248   00

    Total du chapitre du personnel : .... 101.465 $ 00

Matériel, cheptel, engrais, graines, correspondance, etc .... 3.500 $ 00
Station expérimentale de Cao-Trai 8.000   00
Station expérimentale de Plei-Ku 15.000   00
Ateliers de grainage de Vinh et de Binh-Dinh 30.000   00

Atelier de grainage, de tissage et de filature de Hué et magnaneries 8.000   00
Frais d'entretien des élèves de l'Annam à l'Ecole pratique d'Agriculture de Tuyên-Quang 1.000   00

    Total du chapitre .... 65.500 $ 00
Station expérimentale du quinquina (subvention du budget général) 20.000   00

Le total des dépenses du service au compte du budget local de l'Annam se monte à la somme de 166.956 $ 00, soit 7.122 $ 00 de moins que l'année précédente.

Les différences entre les deux exercices sont les suivantes :

Solde du personnel européen .... — 3.023 $ 00
Solde du personnel indigène .... + 1.980 $ 00
Personnel subalterne .... —   144 $ 00
Accessoires de solde, indemnités pour
   charges de famille au personnel indi-
   gène .... + 2.065 $ 00
Crédits alloués pour les Stations expéri-
   mentales .... —9.000 $ 00
Entretien de deux élèves à l'Ecole pra-
   tique d'agriculture de Tuyên-Quang .... + 1.000 $ 00

        Totaux :
           En moins :   12.167 $ 00
                   En plus : 5.045 $ 00

Différence en moins pour 1929 — 12.167 $ — 5.045 $ — 7.122 $ 00.

SUBVENTIONS ACCORDÉES A DES SOCIÉTÉS AGRICOLES ET ENCOURAGEMENT A L'AGRICULTURE EN ANNAM

Des dégrèvement d'impôts s'élevant à plusieurs milliers de piastres ont été accordés à divers planteurs européens et indigènes dont les cultures avaient souffert des intempéries.

L'allocation de 2 % sur les impôts et patentes représentant environ 2.000 $ 00 a été continuée aux Chambres mixtes de commerce et d'agriculture de Tourane et de Vinh pour en assurer le fonctionnement. Cette subvention est portée à 3 % pour l'année 1930.

L'élevage a bénéficié de primes à la saillie et aux produits de juments de race indigène ou de race d'importation d'une valeur de 65 $ 00.

Des primes d'une valeur de 300 $ 00 ont été distribuées comme encouragement à la culture maraîchère.

Dans le but d'encourager le commerce et l'industrie une dépense de 6.000 $ 00 environ a été engagée pour la Foire d'Hanoi où la majeure partie des produits de l'Annam sont exposés.

38.000 $ 00 sont également dépensées annuellement (sans compter la solde du personnel employé dans les magnaneries et grainages, solde qui atteint 12.000 $ 00 environ) pour encourager la sériciculture.

CHAPITRE IV

HYDRAULIQUE AGRICOLE

Dans un pays essentiellement agricole comme l'Annam, dont le climat au point de vue pluviométrique est souvent irrégulier et provoque des désastres, l'apport régulier de l'eau dans les rizières, culture nationale, est primordial. L'Administration du Protectorat ne s'est pas désintéressée de la question : des études d'hydraulique agricole ont été faites dans toutes les provinces où elle présente de l'intérêt, malheureusement les disponibilités budgétaires n'ont pas permis encore de les réaliser partout.

De grands travaux ont cependant été exécutés. Dans le Thanh-Hoa, par exemple, où malgré quelques défectuosités inhérentes au début de toute installation nouvelle, ils apportent une prospérité inconnue jusqu'à ce jour. Dans le Thua-Thiên, le barrage de la passe de Thuân-An sur la rivière de Hué a été continué sans arrêt. Ce barrage doit empêcher l'eau salée de remonter et assurer une récolte de riz sur 12.000 hectares. Les gros travaux d'irrigation de Phu-Yên sont terminés, il ne reste plus à exécuter que les artérioles particulières à la charge des villages. La première utilisation de ce système d'irrigation aura lieu sur la rive droite du Song-Da-Rang au début de 1931.

Il est à désirer que les moyens dont disposera l'Administration du Protectorat lui permettent de réaliser prochainement les projets d'irrigation déjà étudiés dans les provinces de Quang-Tri, Quang-Nam, Quang-Ngai et Ninh-Thuân.

CHAPITRE V

SÉRICICULTURE

Le marasme dans lequel se débat l'industrie séricicole ne s'est pas dissipé en 1929. Les débouchés locaux toujours nombreux qui maintiennent le prix des cocons à un taux raisonnable font que l'élevage des vers à soie ne s'est pas ralenti en 1929, malheureusement les conditions climatologiques n'ont pas été favorables et la production s'en est ressentie dans toutes les provinces de l'Annam, mais particulièrement dans le Binh-Dinh. Ce sont surtout les fortes chaleurs de juillet et août qui ont causé le plus de pertes

L'Administration locale continue à favoriser la production séricicole par tous les moyens en son pouvoir. Un crédit total de 38.000 $ 00 a été consacré aux établissements séricicoles et à la propagande et a permis en 1929 la distribution gratuite de 6.595.691 pontes, chiffre à peu près égale à celui des années précédentes.

Les trois établissements de grainage installés à Vinh, Hué et Binh-Dinh ont assuré la distribution des graines dans les trois principales régions séricicoles de l'Annam. Les grainages de Vinh et de Binh-Dinh sont dirigés et exploités sous le contrôle de l'Administration par des Sociétés privées. Ces sociétés, la Franco-Annamite d'Exportation pour le grainage de Vinh et la société Deligon et Cⁱᵉ pour celui de Binh-Dinh s'engagent par contrat à fournir annuellement chacune trois millions de pontes aux prix de 5 $ 00 les mille pontes. Elles en assurent la distribution aux indigènes dans les provinces ressortissant de leur secteur. L'atelier de grainage de Hué est administré directement par les Services agricoles.

Les quantités de pontes distribuées par province en 1929 par ces trois établissements sont indiquées dans le tableau suivant avec en regard les chiffres pour 1928.

GRAINAGE	PROVINCES	1928	1929	DIFFÉRENCES
Vinh	Thanh-Hoa	426.647	628.408	+ 201.761
—	Nghê-An	1.479.144	1.247.612	— 231.532
..	Ha-Tinh	622.829	590.127	— 32.702
...	Quang-Binh ...	327.428	453.162	+ 80.734
—	Quang-Binh ...	»	19.863	+ 19.863
—	Quang-Tri	115.238	54.067	— 61.171
Hué	Thua-Thiên ...	86.264	177.136	+ 90.872
—	Quang-Nam ...	»	2.540	+ 2.540
—	Quang-Nam ...	426.096	198.773	— 227.323
Binh-Dinh	Quang-Ngai ...	426.449	230.418	— 196.031
—	Binh-Dinh	2.217.087	2.741.967	+ 524.880
—	Phu-Yên	337.518	247.260	— 90.258
—	Kontum	3.928	4.358	+ 430
Total	»	6.513.628	6.595.691	+ 82.063

La même méthode de sélection est continuée dans les établissements de Vinh et de Binh-Dinh, c'est-à-dire qu'au moment de la pleine production seules les pontes provenant de cocons non issus des magnaneries modèles sont examinées. Cette méthode a néanmoins permis à l'atelier de Vinh d'éliminer au cours de l'année un pourcentage de 24 % de graines malades.

Le reproche à adresser à ces établissements est la distribution insuffisante de graines au début de la saison et le gâchage de graines par les distributions exagérées à certains moments, surtout en fin de campagne séricicole.

MAGNANERIES MODÈLES POUR LA DÉMONSTRATION ET LA PRODUCTION DE COCONS DE GRAINAGE

Les six magnaneries modèles échelonnées dans les provinces séricicoles ont produit en 1929 les quantités de cocons suivantes :

Années		1929	1928
Magnanerie de Dông-Hoi		228 kg. 760	220 kg. 150
—	Thach-Bâng	230 800	246 940
— Hué {	Ngu-Hoành	993 000	990 150
	Tây-Lôc	704 550	616 850
—	Bông-Son	1.502 500	1.077 760
—	Binh-Dinh	465 900	698 300
		4.125 kg. 510	3.850 kg. 150

Les magnaneries installées dans un but de démonstration pour les
sériciculteurs indigènes, servent également à fournir les ateliers de grainage de Hué et de Binh-Dinh en bons cocons de grainage, la plupart du
temps indemnes de maladies, conséquence des désinfections périodiques
dont les locaux d'éducation sont l'objet et des bonnes graines dont ils
sont issus.

ATELIERS DE TISSAGE ET DE FILATURE

Les ateliers de dévidage et de tissage de Hué ont continué à fonctionner
normalement. Installés près de l'atelier de grainage, ils permettent d'uti-
liser les cocons non employés à la production de graines ainsi que les
cocons percés. Ils servent en même temps d'atelier d'apprentissage et
permettent d'initier des élèves à tous les travaux de filature et de tissage
de la soie, de même qu'au tissage du coton. Les instruments de dévidage et de tissage utilisés sont ceux employés par les indigènes, mais
perfectionnés.

Pendant l'année, ces ateliers ont produit :

Atelier de filature.

Soie grège	24 kg.	587
Frison	19	035
Pelette	0	561
Nai	18	473
Cocons étirés	13	905

Atelier de tissage.

Pièces tissées : soie unie	7	pièces.
tussor	2	—
soie à côtes	1	—
tussor	12	—
frison	6	—
Pièces de coton	108	pièces.

*Tableau indiquant les conditions de travail et le nombre de pontes saines.
produites mensuellement à l'atelier de grainage de Vinh.*

MOIS	NOMBRE de pontes produites	POURCENTAGE de pontes éliminées	NOMBRE de pontes saines
Janvier	3.180	22 %	2.480
Février	Néant	Néant	Néant
Mars	26.064	64 %	9.294
Avril	323.031	18 %	262.600
Mai	634.026	14 %	539.492
Juin	535.921	27 %	390.500
Juillet	651.964	48 %	338.844
Août	704.098	19 %	569.262
Septembre	395.892	19 %	317.747
Octobre	314.196	18 %	254.960
Novembre	244.480	22 %	190.668
Décembre	59.048	26 %	43.462
	3.892.403	24 %	2.919.309

*Distributions par mois pendant l'année 1929 des pontes dans les
provinces de Thanh-Hoa, Nghê-An, Ha-Tinh et Dông-Hoi.*

MOIS	THANH-HOA	NGHÉ-AN	HA-TINH	DONG-HOI
Février	0	1.830	650	0
Mars	0	8.794	500	0
Avril	43.596	84.510	83.522	44.972
Mai	92.000	210.000	86.000	75.000
Juin	97.532	165.290	73.440	54.238
Juillet	67.930	151.120	59.800	60.200
Août	109.960	252.654	107.432	98.936
Septembre	86.000	128.000	62.000	54.000
Octobre	62.000	94.000	48.000	38.000
Novembre	49.250	68.400	41.500	33.700
Décembre	7.130	29.408	6.524	0

Tabelau comparatif de distribution des pontes au cours des années.
1928-1929, Hué.

MOIS	1928	1929	DIFFÉRENCES	
			en plus	en moins
Janvier	2,483	4.385	1.922	
Février	1.166	3.437	2.271	
Mars	9.884	9.137		747
Avril	28.658	50.045	21.387	
Mai	17.280	52.827	35.547	
Juin	49.464	52.224	2.760	
Juillet	12.244	14.462	2.268	
Août	20.498	20.383		115
Septembre	28.728	27.635		1.093
Octobre	22.332	13.042		9.290
Novembre	6.911	4.126		2.785
Décembre	1.874	1.903	29	
Total	.01.502	253.606	+ 52.104	

Tableau comparatif de distribution des pontes au cours des années.
1928-1929, Binh-Dinh.

MOIS	1928	1929	DIFFÉRENCES	
			en plus	en moins
Janvier	55,681	129.105	73.424	
Février	26.628	37.983	11.355	
Mars	346.238	216.083		130.155
Avril	324.326	470.508	146.182	
Mai	246.308	570.212	323.904	
Juin	504.038	544.230	40.192	
Juillet	482.403	592.342	109.939	
Août	521.765	298.955		222.810
Septembre	464.944	117.178		347.786
Octobre	325.976	269.760		56.216
Novembre	96.653	158.827	62.174	
Décembre	16.118	17.593	1.475	
Total	3.411.078	3.422.776	11.698	

CHAPITRE VI

EXPÉRIMENTATION AGRICOLE

1° STATION EXPÉRIMENTALE DE CAO-TRAI

(d'après le rapport de M. Castagnol).

Les travaux de la Station expérimentale de Cao-Trai se sont poursuivis cette année dans de bonnes conditions. Les surfaces défrichées et mises en culture ne peuvent guère être agrandies tant que la ferme n'aura pas été construite et organisée. On ne peut augmenter les surfaces plantées avant que le nombre des bêtes à cornes ne soit accru. Dans l'état actuel il faudrait 100 têtes de bétail alors qu'il n'y en a qu'une cinquantaine.

Superficie totale en culture. (chiffre global et détails par culture).

60 hectares sont actuellement en culture à Cao-Trai. Ils se répartissent de la façon suivante :

Caféiers { Arabica	....	8 hectares.
Chari	....	2 —
Robusta	....	2 —
Parcelles de multiplication (légumineuses)	....	
Pépinières de caféiers, d'abrasins	....	12 Ha. 500
Emplacement de la Station, etc	....	
Culture de ramie	....	1 Ha.
Surface débroussaillée et abattue	....	4
Terres d'alluvion en culture	....	13
Pâturages	....	15
Rizières à 2 récoltes	....	2 Ha. 500
		60 hectares.

Les surfaces en légumineuses sont suffisantes pour qu'il soit possible d'en vendre une certaine quantité aux colons du Nord-Annam lorsque la récolte sera terminée après le Têt.

Actuellement on construit un logement pour un conducteur dont la présence est absolument indispensable, vu le développement actuel des terrains en culture et les travaux à exécuter.

La Station a, cette année, beaucoup souffert des typhons et le nombre des pieds manquants dans les jeunes plantations est très sensiblement supérieur à celui de l'année dernière. Quelques arbustes de deux ans ont eu également le pivot cassé par le vent et sont à remplacer. Le troupeau comporte 53 têtes de bétail.

En 1930, le travail principal consistera à organiser la ferme, à construire les bâtiments indispensables et établir des collections des différentes plantes cultivées : collection de caféiers, de théiers, de textiles et de légumineuses engrais vert ; puis aménager des pâturages sur terre d'alluvion afin de pouvoir augmenter le cheptel pour le porter en fin d'année 1930 à 100 têtes. Il serait utile de suivre les caféiers plantés et de noter ceux qui, au point de vue de la végétation et de la production, paraissent les plus intéressants afin de constituer autant que possible un matériel homogène pouvant servir à l'expérimentation. Dans ce but, un hectare de caféiers a été suivi arbre par arbre, cela a permis de distinguer deux plants d'arabica qui se sont montrés remarquables par leur précocité et leur fructification. Les graines ont été récoltées à part et serviront à constituer des pépinières pour l'an prochain.

Études poursuivies

A. — Caféiers.

1°) *Arabica*. — Les expériences en cours sur arabica sont :

a) *essais d'ombrage* (1 demi-hectare non ombragé ; 1 demi-hectare avec ombrage de leucoena à 3 m. × 3 ru. ; 1 demi-hectare avec ombrage d'albizzia falcata à 9 m. × 9 m. ; 1 demi-hectare avec albizzia falcata à 12 m. × 12 m. et une ligne de leucoena).

b) *taille* : expériences de taille de formation de caféiers.

c) *espacement* : arabica à 2 m. 50 × 3 m. ; à 3 m. × 3 m. et à 4 m. × 2 m. 50.

d) culture de différents *engrais-verts* dans les interlignes.

e) préparation de 2 hectares en prévision d'expériences sur la *potasse*.

f) préparation de la plantation en vue d'expériences de *fumure organique* : engrais vert seul ; engrais vert + 1 panier de fumier par pied ; engrais vert + 1 charge de fumier par pied ; engrais vert + 1 charge de terreau par pied.

g) essais de *semis direct* sous sesbania aculeata.

2°) *Chari*. — Deux hectares ont été plantés en chari. L'un a comme légumineuse de couverture : mimosa invisa, l'autre est couvert moitié en calopogonium, moitié en crotalaria usaramoensis. Ces arbres doivent servir de base à une sélection, ils sont à un écartement de 5 m. × 6 m.

3°) *Robusta*. — Deux hectares sont en culture avec l'une des légumineuses ci-après : crotalaria bracteata, crotalaria anagyroïdes, indigofera arrecta.

B. — Théiers.

Des pépinières de collection ont été aménagées et semées avec des graines venant de Phu-Hô et de la région de Huong-Khê (Hatinh).

C. — Textiles.

1°) *Jute* : Au cours des années 1928 et 1929 des cultures de jute ont été faites à la Station afin d'étudier les conditions de végétation et de culture de cette plante. En 1928 l'expérimentation portait principalement sur les points suivants :

a) Influence de la date de semis sur la végétation ;

b) Influence de l'espacement des lignes de semis ;

c) Variation du rendement en filasse suivant le développement végétatif des tiges. (Hauteur de la première bifurcation, grosseur de la tige).

En 1929, les essais entrepris visaient à l'étude de l'influence de l'écartement sur le rendement et à celle de l'effet des coupes successives sur la qualité de la fibre.

2°) *Sesbania aculeata*. — Un hectare de terre d'alluvion a été mis en sesbania aculeata au mois d'avril 1928.

3°) *Ramie*. — *Hibiscus cannabinus*. — *Crotalaria juncea*. — *Roselle*.

La *ramie* fut essayée sur terres rouges. Les autres textiles, comme ceux qui précèdent d'ailleurs, furent cultivés sur terres d'alluvion de rivière submergées pendant les crues.

D. — Oléagineux.

Une culture de *chanvre* a été faite en 1929 pour constater sa végétation sur terres d'alluvion.

Des pépinières d'*Abrasin* et de *Camélia* ont été constituées en prévision de peuplement futur.

Résultats acquis (Résumé au point à la fin de 1929).

A. — Caféiers.

1°) *Arabica* : De l'état actuel de l'expérimentation sur Arabica on peut tirer les conclusions suivantes :

a) *Ombrage* : Le leucocna, semé en place en novembre, peut donner, 2 ans et demi après, un très bon couvert sur les caféiers. L'albizzia falcata, beaucoup trop sensible au vent, est pratiquement inutilisable quoiqu'ayant une bonne végétation. Des pépinières de Peltophorum ont été constituées et l'an prochain nous comptons essayer le Derris microphylla. Il semble bien, dès maintenant, que le leucocna présente de tels avantages qu'il soit nettement à conseiller, pour une plantation de moyenne importance qui peut être traitée rationnellement (tuteurage la première année, conduite de l'arbre qui permet d'obtenir une frondaison à partir des trois mètres de hauteur). Cette plante végétant abondamment à l'avantage de fournir des quantités appréciables de matière verte dont les caféiers bénéficient.

b) *Taille* : Dès maintenant il est possible de se rendre compte qu'un émondage périodique a le gros avantage de fortifier les branches de charpente de la base du caféier, de faciliter le développement des branches secondaires et d'assurer, par suite, la fructification à venir. On évite, par ce procédé, les arbres qui filent et se dénudent du bas. Il semble bien également qu'une méthode de taille ne peut être préconisée que pour les arbustes poussant en terre fertile et qui sont abondamment fumés pendant leur période de développement.

c) *Semis direct* : Le semis direct, essayé en 1929, sous couvert de sesbania aculeata, a été fait avec des graines mises préalablement en stratification. La légumineuse était semée dans les interlignes en 5 bandes distantes de 0 m. 50, les poquets étant à 0 m. 50 sur la ligne. Divers accidents sont survenus : en août une attaque de chenilles réduisit considérablement l'ombrage ; les typhons en renversant les sesbania ont découvert un grand nombre de caféiers ; par suite de la sécheresse de la fin de l'automne les sesbania ont grainé et se sont effeuillés dès octobre. Malgré tous ces accidents les 2/3 des caféiers ont bien levé. L'essai semble devoir être repris avec grandes chances de réussite sous ombrage de tephrosia ou de pois d'angole âgés d'un an.

2°) *Chari*. — Dans les cultures de chari il a été permis de constater que les plantes rampantes de couverture (calopogonium et mimosa invisa) dispensaient, dès le mois de juin, de tout travail d'entretien quoique ces légumineuses aient occupé un sol nouvellement défriché.

C. — **Textiles**.

1°) *Jute*. — De l'expérimentation entreprise sur le jute il résulte que :

a) Les semis peuvent s'effectuer pendant un mois et demi, du 15 mars au 1er mai, et la végétation dure en moyenne de trois mois à trois mois et demi.

b) Le diamètre de la tige paraît avoir une influence directe sur le rendement et posséder à ce point de vue, plus d'importance que la hauteur de bifurcation.

c) La récolte d'un même semis peut s'effectuer, sans action sensible sur le rendement et sur la qualité de la fibre, pendant une période de quinze jours.

d) Les tiges de jute peuvent être espacées de 0 m. 20 à 0 m. 25 sans grand inconvénient. Un démariage reste utile pour obtenir des tiges grosses et une proportion de 40 tiges au mètre carré paraît être la densité à préférer.

e) Les terres d'alluvion inondées ne paraissent nullement indispensables à la culture du jute ; les terres rouges leur permettent une aussi belle végétation.

f) Le jute a un développement très influencé par la culture qui l'a précédé : sur engrais vert le rendement est très sensiblement supérieur à la moyenne ordinaire.

g) La variété olitorius s'est montrée moins intéressante que la variété capsularis.

h) Les conditions de rouissage présentent, dans le Nord-Annam, de grandes difficultés et l'extension de la culture du jute ne peut être envisagée que si les méthodes de rouissage sont modifiées. Les crues, la durée du rouissage (21 jours) causent, chaque année, des pertes sérieuses et il semble bien qu'il y aurait un intérêt de premier plan à étudier les méthodes de rouissage industriel.

2°) *Sesbania aculeata*. — Le sesbania aculeata, quoique donnant un rendement bien inférieur à celui du jute et une fibre de moins bonne qualité, semble être intéressant pour les motifs suivants :

a) C'est une légumineuse, donc une plante améliorante ; elle est, en outre, moins exigeante au point de vue des pluies et moins épuisante que le jute.

b) Elle laisse, après la récolte, un sol propre car sa densité de végétation fait qu'elle se comporte comme une plante étouffante.

c) Son développement rapide permet sa coupe un mois avant celle du jute, son rouissage dure de 8 à 10 jours seulement. Ces deux raisons diminuent considérablement les aléas dans la préparation de la récolte.

3°) *Ramie.* — *Hibiscus cannabinus.* — *Crotalaria Juncea.* — *Roselle.*

Les essais de *ramie* sont en cours, l'expérimentation devant porter sur plusieurs années. Il ressort déjà, du début de cette culture, que cette plante ne supporte pas l'inondation et qu'il lui faut des terres riches se ressuyant vite. Les terres rouges, seules, lui conviennent et leur défrichement immobilise un capital très supérieur à celui nécessaire aux textiles annuels tels que le jute.

L'*hibiscus cannabinus* a une bonne végétation mais lente, ce qui fait coïncider l'époque de la récolte avec celle des crues. Les conditions actuelles de traitement ne permettent pas la culture de ce textile ; d'autre part les graines moisissent dans les capsules et perdent tout pouvoir germinatif.

Crotalaria juncea n'a pas donné de bons résultats : la plante manque de hauteur et le rendement est très faible. En outre, les graines sont détruites par les chenilles.

La *roselle* n'a été cultivée, jusqu'à présent, à la Station que pour l'obtention de graines. Sa végétation est très lente, aussi les terrains à employer pour sa culture doivent-ils se trouver hors du périmètre inondé.

B. — Oléagineux.

Le *chanvre* a eu une levée très régulière, une excellente végétation et un rendement de 600 kg. Semis en mars et récolte en juin. Sa durée végétative très courte permet d'envisager sa culture sans crainte des crues possibles.

*
* *

2° LUTTE CONTRE LA MALADIE DES AREQUIERS DU HUONG-KHE

A la suite des résultats obtenus les années précédentes plusieurs cultivateurs nous ont demandé de tenter une amélioration sur leur jardin. Ce travail a été facilité par des prêts en nature (phosphate) consentis par la Banque de crédit agricole de Vinh.

Nous avons commencé le traitement des jardins de ces cultivateurs et suivi les floraisons et les fructifications. C'est surtout la seconde année que les résultats seront appréciables, mais déjà cette année, malgré les conditions météorologiques défavorables le progrès a été sensible surtout pour les jardins les moins abîmés.

Le jardin traité (voir Bulletin Economique, section B, Janvier 1930) a donné cette année des résultats sensiblement moins bons que l'année précédente.

	NOMBRE d'arbre	FLORAISON		RÉGIME		
		Nombre	Pourcentage	Nombre	P. 100 floraison	P. 100 arbre
1928-1929	135	561	415	394	95	291
1929-1930	132	506	384	295	77	223

Cette différence tient bien à la mauvaise année. Dans la région, en effet, en 1928 le prix de la noix d'arec était de 2 $ 00 les mille noix, en fin 1929, il était à 2 $ 50. Cette augmentation de prix correspond à peu près à une diminution de 2.5 dans le nombre des régimes. La récolte des noix n'étant pas terminée, il ne nous est pas possible de préciser davantage la production de cette année. L'examen de nos relevés nous montre en effet que, pendant les mois de juillet et d'août, à une sécheresse persistante dans la région de Huong-Khê correspond en juillet 51 régimes séchés et en août 79, cette influence mauvaise s'est ralentie en septembre où cependant il y a eu encore 25 régimes séchés.

Les soins que nous avons préconisés tendent à obtenir des arbres vigoureux, des floraisons plus abondantes. Des fumures bien faites permettent d'espérer une diminution sensible des régimes avortés, des noix plus abondantes et de plus belle qualité. Cependant cette culture reste toujours très sensible aux conditions météorologiques et dans des années où les pluies ont été aussi irrégulières qu'en 1929, il faudra s'attendre à une diminution de la production. Les cultivateurs ont vu l'importance des résultats que nous avons obtenus, ceux ayant commencé des essais l'an dernier désirent les voir continuer et de nouveaux désirent en 1930 entreprendre des fumures dans leurs jardins. Il n'est pas douteux que la restauration des jardins pourrait être faite plus rapidement si les autorités annamites faisaient une propagande dans ce but : propagande qu'il nous est impossible de faire nous-mêmes vu le petit nombre d'agents dont dispose le secteur et les autres travaux que nous avons à poursuivre.

3° STATION EXPÉRIMENTALE DE PLEI-KU

(D'après le rapport de M. Angenot).

Il est utile de rappeler que la station, créée en 1926, a poursuivi en 1927, la réalisation d'un premier programme d'expérimentation. Le programme a été entièrement refondu en décembre 1927, suivant les directives fournies par l'Inspection Générale de l'Agriculture.

En 1928 la réalisation du nouveau programme a été entreprise. Le crédit disponible était de 20.000 $. L'effort principal a porté sur la construction des bâtiments, les défrichements, la création d'un réseau routier, l'entretien des pépinières.

En 1929, le crédit alloué a été de 15.000 $ seulement, la réalisation du programme s'est poursuivie par la construction de nouveaux bâtiments, des défrichements, la création de nouvelles pépinières et la réfection totale des anciennes, et la plantation de 21 ha. de jardins-grainiers, destinés à la comparaison des races de thé et café et la sélection de lignées productives.

Personnel. — Le personnel de la station se composait au 1er janvier 1930 de :

1 chef de station ;

1 adjoint ;

3 agents annamites.

Il va incessamment se trouver réduit à :

1 chef de station ;

2 agents annamites.

PÉPINIÈRES

Au cours de l'année 1929 les anciennes pépinières couvrant une superficie de 26.180 mq ont été presque entièrement reconstruites et de telle façon qu'elles puissent résister au moins deux ans. Ce travail comprenant : 1°) Le remplacement des anciennes perches par des nouvelles au minimum grosses comme le bras ; 2°) La confection de la toiture et des côtés, l'épandage de l'engrais, le piochage et la mise en planches, est revenu en moyenne à 1.200 $ l'hectare. Pour la construction des nouvelles pépinières, il faut ajouter à ce prix 200 $ pour le défrichement et le défoncement à 30 cm. avec enlèvement très soigné des racines.

Rappelons qu'au Kontum l'expérience a montré qu'il était nécessaire de protéger les jeunes plants de thé et surtout de café par des toitures et des murs formés d'une ossature de perches recouverte de paillote. Cette disposition a pour but de créer artificiellement le milieu ombragé et humide qui existe naturellement en forêt. Lorsque les plants sont jeunes, ou en saison sèche, la toiture est relativement épaisse, elle est éclaircie en saison humide ou lorsque les plantes ont acquis une certaine vigueur. Il est important de ne découvrir que progressivement.

Aucune modification n'a été apportée à la méthode générale de construction, exposée en détail dans le rapport annuel de 1928.

L'écartement adopté pour les plants étant de 0 m. 25 × 0 m. 25, chaque planche comprend 432 plants. Toutes les planches ensemencées à nouveau pour remédier à l'épuisement du sol, ont reçu une fumure de :

Fumier de ferme	5.185 kg.
Tourteau d'arachide	740 —
Sulfate d'ammoniaque	200 —
Sulfate de potasse	200 ·

à l'hectare.

En 1929 se sont poursuivis les semis nécessaires à la réalisation du programme d'expérimentation. Cette réalisation intégrale nécessite environ :

Coffea excelsa	3.000 plants
C. arabica Tonkin	
C. arabica Kontum	35.000 —
C. arabica Moka	
Thé indigène du Tonkin	122.000 —
Thé Manipure	12.600 —

Thé. — La plus grande partie des thés provenant des semis antérieurs ont été mis en place dans les jardins grainiers, 9.000 plants de thé de Quang-Tri ont été conservés. Plantés très serrés, ils n'ont pu prendre leur développement normal, ils seront utilisés pour des essais de greffage ou des essais d'engrais, la qualité intrinsèque des plants ne modifiant pas les résultats de ceux-ci. Les plants disponibles d'Assam, Dibrugarth, Manipur et moyen Tonkin sont conservés pour la réalisation d'expériences d'engrais et diverses.

Un premier semis de 160.000 graines de thé du moyen Tonkin, effectué pendant l'hiver 1928-29, a presque complètement échoué parce que ces graines, expédiées en tonques soudées, ont fermenté en route. Il subsiste actuellement seulement 4.567 plants de cette série. Afin de permettre la réalisation des essais de thé en grande culture, le semis d'une nouvelle série de thé Moyen Tonkin a été faite.

Les semences, fournies par la Station expérimentale de Phu-Hô, ont subi une première sélection. Expédiées à la manière ordinaire, c'est-à-dire en caissette de bois et en mélange avec du charbon de bois pilé, elles sont parvenues en parfait état. Stratifiées dans du sable humide, elles ont été mises en place dès apparition du germe, sur planches préparées comme il est indiqué plus haut. Les premières graines semées en fin novembre, sont sorties de terre très régulièrement, dès le 15 décembre. Elles ont au 15 février 20 cm. de haut et cinq feuilles normales. Les grillons malheureusement commencent dès maintenant leurs ravages, et des femmes doivent continuellement passer dans les pépinières pour les détruire.

Les graines de thé perdant très rapidement leur faculté germinative par suite de l'acidification des corps gras qu'elles renferment doivent obligatoirement être semées dès leur réception, c'est-à-dire en général au début de la saison sèche. Ceci implique la nécessité d'arrosages, qui pour des semis importants deviennent extrêmement onéreux. Ce seul travail coûte actuellement de 250 à 300 $ par mois.

Café. — Pour la réalisation du plan général d'expérimentation, une première série de semis de café a été effectuée au printemps 1929. Ces semis comprenaient :

C. arabica Tonkin : 20.000 graines environ.

C. arabica Kontum : 20.000   —

Les graines, stratifiées dans du sable suivant la méthode habituelle avaient été mises en place et avaient très vigoureusement poussé. Malheureusement les grillons ont détruit de mars à septembre la plus grande partie de ces jeunes plants, malgré tous les efforts pour s'en débarrasser. Finalement les plants subsistant ont été regroupés en septembre, mais ont subi du fait de cette transplantation un sérieux retard. Un apport de sulfate d'ammoniaque effectué au début d'octobre, a donné à tous les plants un fort coup de fouet, mais n'a pas atténué la différence : le 15 février 1930, les cafés non transplantés ont en moyenne 0 m. 50 de haut, deux paires de branches avec chacune une paire de feuilles. Les cafés transplantés ont seulement 0 m.20 de haut, sans branches.

Pour remplacer les plants détruits, un nouveau semis de C. arabica Phu-Hô a été effectué en août. Faute de main-d'œuvre et pour diminuer les frais importants d'arrosage en saison sèche, ces plants ont été semés très serrés. Ils seront mis en place, en pépinière, aux pluies prochaines.

Il apparaît maintenant comme certain qu'il y a avantage, au lieu de semer les graines de café dès la récolte, de les mettre en stratification à temps voulu pour que le semis puisse être fait au début de la saison des pluies suivantes : la faculté germinative est ainsi améliorée ; par suite de la poussée de la végétation du printemps le départ est beaucoup plus rapide ; les frais considérables d'abri et d'arrosage nécessités par un semis précoce, les dégâts des grillons, sont très réduits, sans que les plants soient sensiblement moins beaux. Certains planteurs, négligeant ces facteurs continuent à semer en décembre. Dans ce cas, l'arrosage est nécessaire et a, en plus de son prix de revient élevé, l'inconvénient de donner des pieds d'apparence vigoureuse mais mal enracinés, à pivots faibles, à enracinement traçant, mal préparés à résister au climat du pays.

Divers semis ont en outre été effectués, pour compléter les collections de la station, à savoir :

C. Moka de Tahiti n° 57 ;

C. arabica d'Abyssinie n° 49 ;

C. robusta Phu-Hô n° 100 18 arbre IV ;

C. excelsa n° 19 arbre 72 E ;

—   —   71 E ;

A signaler un série de 57 caféiers dits d'Océanie, âgés de trois ans, conservés en pépinière jusqu'à présent. Ces caféiers remarquables par leur vigueur et leur port vont être plantés à part, sous forêt afin d'obtenir dès que possible des semences de cette intéressante variété.

ARBRES D'OMBRAGE ET DIVERS

Au Kontum, les trois questions les plus importantes conditionnant la réussite dans la culture du thé et surtout du café, sont, par ordre,

l'ombrage ;

la régénération des sols ;

les coupe-vents.

La question de l'ombrage ne doit jamais perdre la première place dans les préoccupations des planteurs. En matière de café surtout la réalisa-

Station de Pleiku.

Défrichements pour essais en grande culture. Brûlage des bois abattus.

Station de Pleiku. — Disposition générale des pépinières.

(En saison humide, couverture très claire).

Station de Pleiku. — Jardins grainiers.
Crotalaria usaramoensis avant la coupe.

Station de Pleiku. -- Jardins grainiers.
Coupe des légumineuses.

tion d'un ombrage convenable est la condition « sine qua non » du succès. Ceci peut être constaté par le simple examen des plantations des Pères et des jardins annamites : les caféiers y vivent fort bien, quoique plantés trop serrés, en sol piétiné, chez les uns, ou à demi étouffés par la brousse, chez les autres. Sans ombrage les jeunes plants ne peuvent résister à la violente insolation de la période décembre-mars, aux effets encore accentués par le vent desséchant du NE. Les pieds adultes peuvent, à la rigueur, subsister, mais l'expérience montre qu'ils sont épuisés par des fructifications prématurées et ne durent que peu d'années.

Il est donc nécessaire de trouver un arbre d'ombrage à croissance suffisamment rapide, mais ne desséchant cependant pas trop le terrain, à ramure étalée, résistant au vent, à feuillage moyennement dense : son enracinement doit être pivotant ; si cet arbre appartient à la famille des légumineuses il a l'avantage d'enrichir le sol par ses nodosités et par ses feuilles. La station dispose de différentes espèces, satisfaisant plus ou moins à ces conditions. Leur effet sera étudié dans des parcelles réservées à cet effet. Les principales sont les suivantes :

Erythrina lithosperma. — Cet arbre très utilisé à Java, a la réputation de perdre ses feuilles en saison sèche, au Kontum, il va néanmoins être essayé encore une fois, afin d'obtenir une certitude à ce sujet.

Casuarina equisetifolia. — Cet arbre est à essayer comme coupe-vent. Le semis effectué a convenablement germé mais l'examen d'un individu remarqué à Kontum fait craindre que cette essence se développe mal par suite de l'altitude.

Cinnamomum camphora. — Cet arbre, à expérimenter comme coupe-vent, aurait l'avantage de fournir un revenu. Aucun renseignement sur sa croissance.

Albizzia falcata. — Cet arbre, toujours très utilisé, faute de mieux, donne de sérieux mécomptes aux planteurs : il casse avec la plus grande facilité, et les peuplements sont ravagés par le corticium et diverses maladies cryptogamiques. Il est indispensable de lui trouver à brève échéance un remplaçant.

Cassia siamea. — (Cây-Muông). — Cet arbre, introduit à la station en 1926, connaît actuellement la vogue parmi les planteurs. Il pousse moins vite que l'albizzia, mais résiste beaucoup mieux au vent, à l'avantage d'avoir un enracinement pivotant, donc de ne pas dessécher le sol en surface, et de fournir un bois d'ébénisterie de première qualité. Son allure piriforme à l'état naturel fait supposer qu'il faudra le tailler convenablement pour qu'il donne un ombrage bien réparti. La station a fait le nécessaire pour procurer plusieurs centaines de kilogrammes de semences aux planteurs.

Sesbania grandiflora. — Quoique cet arbre semble présenter peu d'avantages, il va être essayé à la station, car certains planteurs en préconisent l'emploi.

Leucaena glauca. — (Lamtoro). — Cet espèce, qui donne d'excellents résultats sur toute la côte d'Annam, ne croît malheureusement pas, ou plutôt croît irrégulièrement, au Kontum. L'hypothèse a été émise par un expert hollandais que ce fait serait dû à la grande pauvreté du sol en chaux, mais on ne s'explique pas dans ce cas que le lamtoro croisse bien au Darlac, aux terres également pauvres en chaux. Il faut plutôt voir là le simple effet de l'altitude. En tout cas la question sera tranchée cette année même à la Station, par un essai en terrain fortement chaulé.

Artocarpus integrifolia. — Quelques exemplaires seulement de cette essence existent à la Station. Sa croissance est relativement lente, le repiquage des jeunes plants est presque impossible, et les graines directement mises en place sont immédiatement déterrées par les sangliers. Malgré ces inconvénients cette plante est une des plus intéressantes qui soient : il a été remarqué en Annam, et il est signalé dans divers ouvrages concernant d'autres pays, que même dans son voisinage immédiat, le caféier croît et fructifie mieux que partout ailleurs. Ce fait peut être facilement remarqué à Plei-Ku, a Thanh-Binh et à Kontum dans les jardins annamites.

Bosea cannabina (?) (Cây rach). — Cet arbre préconisé par certains planteurs à cause de sa croissance rapide, ne semble pas à employer : son enracinement est très traçant ; son évaporation très intense en saison sèche. Il dessèche donc particulièrement la surface du sol et nuirait aux jeunes plants.

Arbre dit du « Père Hulinet ». — (probablement un genre de mûrier à papier) — Cet arbre essayé à la Sak, à cause de sa croissance rapide n'aurait donné, d'après les derniers renseignements reçus, que des résultats peu satisfaisants.

JARDINS GRAINIERS

Les huit jardins grainiers de la station ont été réalisés suivant les directives du programme de décembre 1927. Il est à remarquer que la répartition des surfaces est la suivante :

Thé et café . . . . 1 ha

Légumineuses . . . . 1 ha

Allées et coupe vents . . . . 0 ha 50

40 % du terrain dont l'entretien est difficile et onéreux sont donc inutilisés en réalité. Pour y remédier les espaces réservés actuellement aux légumineuses seront garnis en 1930 de caféiers et de théiers d'un an, sur lesquels seront placés, soit immédiatement, soit au moment où ces productions auront pu être contrôlées, des graffons provenant des sujets d'élite remarqués dans les parties primitivement plantées, ou sur les plantations du plateau. Cette méthode est appliquée avec fruit, à Java, où la tendance actuelle est à rechercher non seulement dans les jardins grainiers, mais en grande culture, les individus remarquables à multiplier sous forme de clones ou de seedlings.

Les allées, qui occupent actuellement 20 % de l'espace disponible, seront réduites à 2 m., dimension suffisante pour le passage d'une charrette, et les terrains disponibles seront garnis de légumineuses, qui diminueront les frais d'entretien, maintiendront la fertilité du sol et donneront des graines.

La méthode de plantation a été la suivante : L'emplacement des trous ayant été piqueté, les interlignes ont été garnis de crotalaria usaramoensis et de calopogonium mucunoïdes : trois rangs pour le thé, deux rangs pour le café. Malheureusement par suite du manque de semences, toutes les parcelles n'ont pu être traitées d'une façon absolument identique. Cette différence ne semble pas d'ailleurs jusqu'à présent avoir eu une influence quelconque sur la végétation.

Les trous de 0 m. 40 × 0,40 × 0,45 ont été exécutés à la tâche au prix de 0 $ 015 l'un. Les plants de thé et café avaient de 2 ans 6 mois à 3 ans de pépinière, et atteignaient souvent la grosseur du pouce. Les racines ont été coupées à 45 cm. du collet et habillées, les tiges coupées à 15 cm. du collet. Les stumps ainsi préparés au fur et à mesure des besoins, étaient transportés en paniers couverts ; un aide les maintenait au centre du trou, tandis que le coolie planteur tassait très fortement la terre tout autour. Cette terre avait été additionnée préalablement de 0 kg. 200 de tourteau d'arachide par trou. La plantation totale des jardins grainiers a été effectuée du 8 juin au 1er juillet.

Chaque stump a été, dès la mise en place, recouvert d'un chapeau de paillote léger, et ouvert en bas, afin d'éviter la création d'un milieu par trop artificiel. Après quelques jours, des protubérances se formaient donnant naissance à des bourgeons qui se sont très rapidement développés, au 31 juillet chaque jeune branche portait déjà plusieurs feuilles, au 1ᵉʳ janvier les jeunes pousses ont en moyenne 50 cm. de haut, celles de thé : 40 cm.

Il convient toutefois d'insister sur le fait que ce n'est qu'à la fin de la saison sèche qui suit la plantation que l'on peut indiquer un pourcentage de reprise définitif : car certains stumps peuvent développer, pendant la saison humide, grâce à leurs réserves, un appareil foliacé important, et périr en saison sèche faute d'un enracinement suffisant : il est de première importance que la terre soit très fortement piétinée autour du stump, au moment de la plantation. Il n'est pas moins vrai que, d'une façon générale, la plantation en stumps de 2 ans 1/2, si elle a l'inconvénient d'exiger que l'on dispose de plants âgés, est rapide, simple et sûre si l'on tient compte des quelques remarques ci-dessus. Même en terrain découvert, dans des conditions normales, seuls les stumps présentant un vice de conformation périssent. En éliminant ceux-ci on peut obtenir 90 %, de réussite.

En novembre, un premier binage a été effectué suivi d'un second en janvier. L'humidité du sol semble avoir été ainsi très convenablement conservée. Seule la couche superficielle est desséchée. Les crotalaires ont été coupées en octobre et en décembre, le produit, n'ayant pu être enfoui, a été étendu en paillis sur les lignes. De plus, en janvier 1930, une ligne sur deux, pour le café, deux lignes sur trois pour le thé ont été arrachées, afin d'éviter une évaporation intense.

Les jardins grainiers n'ont pu être garnis d'arbres d'ombrage, en juin 1929. La Station ne possédait pas de plants et il ne fallait pas songer à semer des graines, les pousses auraient été dévorées par les cerfs au fur et à mesure de leur sortie. Cette année, l'ombrage sera constitué par mise en place de stumps d'albizzia et de Cassia siamea préparés à cet effet.

Station de Pleiku.

Coffea Arabica-Stump, 6 mois après la plantation.
(La partie aoûtée a 15 cm. environ. Les jeunes pousses ont 45 cm).

Station de Pleiku. — Jardins grainiers.
Crotalaria usaramoensis après la coupe.

Station de Pleiku. — Jardins grainiers.
Couverture basse de Calopogonium mucunoïdes.

LISTE DE CAFÉS DANS LES JARDINS GRAINIERS

VARIÉTÉS	STRATIFI-CATION	SEMIS	REPIQUAG.	PLANTA-TION
1er Jardin.				
Libéria nº 26 PH. Parcelle 1 k. 97	4-8-27	12-9-27	"	21-6-29
Abeocuta nº 99 PH. Arb. 91/J-I	21-7-27	"	"	"
Abeocuta nº 6 PH. Arb. 31/I	21-7-27	'	'	"
Ab. nº 99 PH. Arb. observé 86 0/1	4-8-27	"	"	"
Robusta Vinh	»	"	10-8-27	"
Quillou nº 100 PH. Arb. 79/M	8-3-27	12-4-27	13-8-27	"
Quillou nº 16 PH. Parcelle	26-3-27	'	'	"
Uganda nº 1 PH. Parcelle	8 3-27	'	»	"
Quillou nº 16 PH. Arb. r9/X	26-3-27	"	"	"
Quillou nº 16 PH. Arb. 66/V	"	"	"	"
Quillou nº 100 PH. Arb. 79/B	"	8-3-27	»	"
Quillou nº 100 PH. Arb. 79/P	8-3-27	12-4-27	"	"
Bukobensis nº 8 PH. Arb. 27/N	26-3-27	14-4-27	"	"
Uganda nº 1 PH. Arb. 80/K	8-3-27	13-4-27	"	"
Uganda nº 1 PH. Arb. 77/A	"	"	19-8-27	"
Bukobensis nº 8 PH. Arb. 27/N	26-3-27	14-4-27	13-8-27	1
Quillou nº 15 PH. Arb. 58/K	6-3-27	11-4-27	15-8-27	"
Quillou nº 15 PH. Parcelle	27 2-27		14-8-27	"
Congensis nº 18 PH. Parcelle	18-4-27		19-8-27	»
Congensis PH. Parcelle Arb. 56/Q	"		15-8-27	»
Liberia nº 277 PH. Arb. 81-P-I	10-8-27	28 8-27	"	»
Liberia nº 26 PH. Parcelle 1 k.	4-8-27	"		
Liberia nº 26 PH. Parcelle 1 k. 700 ...	5-8-27		"	"
Abeocuta nº 99 PH. Arb. 99 L-I	21-7-27			»
Abeocuta nº 6 PH. Arb. 32 E-I	5-8-27	29-8-27		
2e Jardin.				
Café Plei-To-Wat	"	12-2-27	9-7-27	20-6-29
3e Jardin.				
Arabica nº 57 Pirai Arb. 74/N..........	9-2 27	»	19-8-27	24-6-29
Arabica nº 57 Pirai Arb. 71/G.	»	»	»	»
Arabica nº 57 Pirai Arb. 75 1/2	»	»	»	»
Arabica nº 57 Pirai Arb. 76/U	»	»	»	»
Arbica nº 57 Pirai non observé	»	»	20-8-27	»

VARIÉTÉS	STRATIFI-CATION	SEMIS	REPIQUAGE	PLANTA-TION
4e Jardin.				
Océanie Tahiti	21- 0-26	»	29-6-27	21-6-29
5e Jardin.				
Excelsa n° 4 PH. Arb. 27 F	5-8-27	12-9-27	"	26-6-29
Excelsa n° 199 PH. Arb. 94/J-I	21-7-28	16-8-27	»	»
Excelsa n° 199 PH. 94/M-I	"	17-8-27	»	»
Excelsa n° 3 PH. Arb. 6/F	»	»	»	!
Excelsa n° 19 PH. Arb. 71/W	5-8-27	»	»	»
Excelsa n° 199 PH. Arb. 95/I-I	4-8-27	19-8-27	»	»
Excelsa n° 29 PH. Arb. 33/E	»	»	»	»
Excelsa n° 29 PH. Arb. I (Verger)	5-8-27	»	»	»
Excelsa n° 19 PH. Arb. 71/F	21-7-27	28-8-27	»	»
Excelsa n° 20 PH. Verger Parcelle 11 a Arb. 5/G	4-8-27	»	»	»
Excelsa n° 175 PH. Parcelle 1 kg	10-8-27	»	»	»
Excelsa n° 3 PH. Arb. 12/G	»	»	»	»
Excelsa n° 171 PH. Verger Arb. IV	5-8-27	»	»	»
6e Jardin.				
Canephora Sankuruensis n° 9 PH. Arb. 10X D orig. Bangelan	10-2-27	»	20-8-27	24-6-29
Canephora Sankuruensis n° 9 PH. Arb 9X B orig. Bangelan	»	»	»	»
Canephora Sankuruensis n° 9 PH. Parcelle orig. Bangelan	»	»	»	»
7e Jardin				
Canephora n° 11 Sepandjang	»	9-2-27	"	25-6-29
Canephora n° 11 PH. Parcelle	9-2-27	»	0 8-27	»
Canephora n° 11 PH. Arb. 65/R	10-2-27	»	»	»
Canephora Sankuruensis n° 9 PH. Parcelle	9-2-27	19-3-27	15-8 27	»
8e Jardin.				
Arabica Père Corroup	8-12-26	»	3-7-27	19-6-29

LISTES DES THÉS DANS LES JARDINS

VARIÉTÉS	STRATIFI-CATION	SEMIS	REPIQUAGE	PLANTA-TION
1er Jardin.				
Thé Hagiang Secteur Laokay n° 89 PH. Arbre 11	»	26-12-26	27-6-27	21-6-29
Thé Hagiang Secteur Thanh-Thuy n° 63 PH.	»		—	
2e Jardin.				
Thé Manipuri Java	»	15-6-27		14-6-29
3e Jardin.				
Thé Assam indigenous Bassaloni	»	5-12-27		21-6-29
4e Jardin.				
Thé Tiên-Son	28-8-27	18-10-27	»	15-6-29
5e Jardin.				
Thé de Chine	»	12-6-26	14-10-26	16-6-29
Thé Assam Beljan n° 129 PH.	»	26-12-26	27-7-27	
Thé Manipuri indigène n° 208 PH. Arb. B/I A/I	»	—	—	
Doolia Manipuri Tea Seed	»	11-2-27	—	
6e Jardin.				
Thé Assam Ghoirally n° 182 PH. Arb. 6/28 A/26 K/26 I/27 A/3 R/28 A 2 .	»	26-12-26	27-6-27	18-6-29
Thé Swinlaybury n° 181 PH. ArB/I G/24	»			
7e Jardin.				
Thé Quang-Tri	»	19-11-26	15-7-27	17-6-26
8e Jardin.				
Thé moyen Tonkin n° 71 PH.	»	16-12-26	26-8-27	16-6-29
Thé Kacharigou Assam n° 180 PH.	»	—	—	
Singlo Tea (Assam)	»	6-6-26	27-6-27	
Thé Manipuri Laokay n° 211 Arb. A/2 A/I	»	26-2-26	—	—
Jardin supplémentaire.				
Thé Quang-Tri	9-10-27			juillet 29
Thé Cochinchine				
Manipuri n° 288 PH. à feuilles foncées Arb. G/11 E/11 E/10 D/11				
Hoc-Môn (Cochinchine) n° 62 PH.				—
Doolia Manipuri Tea (Assam)		11-2-27	27-6-27	
Betjan Tea Seed (Assam)		2-3-27	—	—

Le tableau ci-dessus donne la liste complète des variétés de thé et café plantées dans les jardins grainiers. Quelques remarques peuvent être dès maintenant déduites de leur examen, mais elles n'auront de réelle valeur que lorsqu'elles auront été poursuivies pendant deux à trois ans.

Café. — C'est le C. arabica qui présente de beaucoup la meilleure reprise ; ses variétés étudiées se classent ainsi, d'après la puissance de végétation :

1 C. arabica .... Plei-Towal ;

2 .... Tahiti ;

3 .... Corrompt ;

4 .... Quang-Tri.

Ceci confirme une fois de plus qu'il est inutile de chercher hors du Kontum des semences de C. arabica. Ce sont celles qu'on trouve sur place, qui donnent les pieds les plus vigoureux. Quant à la qualité du grain elle semble au moins égale à celle des produits du Tonkin ou du Quang-Tri.

Le café de Plei-Towal semble particulièrement intéressant à étudier et à propager. Les semences proviennent de cinq pieds d'origine inconnue, situés dans un village moï, qui donnent chaque année plus de deux kilos de café marchand chacun. Les plants issus de ces semences sont vigoureux, précoces, et semblent particulièrement adaptés au pays. La feuille est assez analogue à celle de l'arabica d'Océanie, mais il est difficile de tirer une conclusion quelconque de cette observation.

Les cafés du groupe des robustoïdes (Canephora, robusta, quillou, etc.) ont en général bien repris, cependant leur végétation est sensiblement moins vigoureuse que celle des arabica. Les liberoïdes et principalement C. excelsa ont une reprise et une végétation un peu supérieure à celle des robustoïdes, ils appellent cependant la même remarque.

Thé. — Parmi les variétés essayées, les thés d'Assam donnent, de beaucoup, les meilleurs résultats comme puissance de végétation et qualité de feuille, quelle que soit leur origine, qu'ils viennent directement d'Assam ou qu'une génération intermédiaire ait vécu à la Station de Phu-Hô. Les thés du moyen Tonkin les suivent de près et sont à étudier attentivement, étant donné la facilité d'en obtenir des semences à bas prix. Il ne faut pas oublier que les graines expédiées d'Assam reviennent au Kontum à environ 10 $ le gantang, et germent souvent à moins de 50 %. Il est fort possible que l'on puisse trouver parmi les populations spontanées du Haut-Laos ou du Haut-Tonkin des types qui donnent au Kontum d'aussi bons résultats que les graines d'Assam.

Plantation de Mang-Giang.
C. Excelsa sous ombrage naturel.

Plantation de Mang-Giang.
C. Arabica sous ombrage naturel.

Plantation de Mang-Giang.

Cinchona de 1 an.

Les graines venant de Java n'ont donné en général, que des mé-comptes sur les plantations soit par l'extrême diversité des formes obtenues, soit par la mauvaise adaptation des plants à la sécheresse. Il faut noter cependant que des stumps, de Bassaloni, originaires du Dak Doa, donnent de bons résultats à la station, alors que sur place les plants de cette race fournissent des feuilles petites et coriaces.

Les thés de Tiên-Son et de Quang-Tri sont vigoureux, mais portent des feuilles peu utilisables industriellement. Le thé de Chine semble peu intéressant par lui-même, mais pourra par la suite servir de géniteur.

La disposition des jardins grainiers de la station, séparés seulement par 30 mètres de forêt secondaire, ne permet pas d'affirmer qu'un croisement n'aura pas lieu entre les variétés étudiées dans deux jardins différents. Les croisements seront presque certains entre les différents individus d'une même variété. Il sera donc nécessaire pour obtenir des semences pures, d'isoler les têtes de lignées à l'aide de moustiquaires au moment de la floraison, et peut-être de castrer les autres. En tout cas, les seedlings devront être établis en des jardins distants de plusieurs centaines de mètres.

EXPÉRIENCES D'ENGRAIS

Les expériences d'engrais portées au programme n'ont pu être réalisées en 1929, faute de crédits et de plants. Les terrains défrichés en 1928 ont été ensemencés en Cr. Usaramoensis, semé à la volée, qui a parfaitement couvert le terrain. L'apport d'azote et de matière organique ainsi obtenu, permettra de réaliser ces essais, au fur et à mesure des possibilités, sur un sol en bonne condition. La récolte des graines de légumineuses, exécutée par des femmes moïs, a produit 620 kg. revenant à 0 $ 18 le kg.

Dès fin 1929 le stock d'engrais a été constitué pour les expériences de 1930. Celles-ci porteront principalement sur le rôle de la chaux, de la potasse, de l'acide phosphorique. Les expériences sur l'azote prévues au programme ne pourront être intégralement réalisées qu'en 1931. La méthode des engrais analyseurs sera appliquée à une culture annuelle, riz par exemple, pour déterminer dans une certaine mesure quels sont les éléments déficients du sol. Les récentes analyses reçues de Buitenzorg montrent que les sols du Kontum sont loin de justifier leur réputation de richesse. Presque toutes les analyses fournies indiquent au contraire des sols fatigués, déficients en azote, chaux et potasse. Il est nécessaire d'envisager pour l'avenir des apports d'engrais minéraux, principalement de sulfate de potasse et peut-être de chaux, l'azote devant être fourni par des cultures de légumineuses. Dans ces conditions seulement, les incontestables qualités physiques des terres du plateau pourront être mises à profit.

EXPÉRIENCES SUR LE THÉ EN GRANDE CULTURE

Les terrains destinés à ces expériences n'ont pu être plantés, par suite de l'échec des semis de thé effectués fin 1928 pour les raisons indiquées au chapitre : Pépinières. On s'est contenté de les maintenir couverts de calopogonium mucunoïdes, les arbres d'ombrage manquants ont été remplacés, mais un grand nombre d'entre eux ont été de nouveau mangés par les cerfs.

La question la plus importante à résoudre actuellement est celle de l'écartement. La tendance sur les plantations est le grand écartement, les théiers résisteraient ainsi beaucoup mieux à la sécheresse. Mais des planteurs Cinghalais, venus récemment au Kontum ont prétendu qu'avec de tels écartements, une production rémunératrice ne pourrait jamais être obtenue. C'est notre avis, aussi nos plantations vont être établies pour pouvoir fixer les planteurs à ce sujet. La détermination de la densité de l'ombrage est également importante, moins cependant que pour le café. Cette étude sera entreprise en même temps que celle de l'écartement. En tous cas la recherche du meilleur arbre à employer, faite sur café, servira également pour le thé.

ESSAIS DE LÉGUMINEUSES

Il y a peu à ajouter aux résultats obtenus en 1926 et 1927 dans les expériences sur légumineuses.

Arbres d'ombrage. — Aucune espèce ne donne actuellement complète satisfaction.

Légumineuses buissonnantes pour couverture basse.

Crotalaria anagyroïdes. — Cette légumineuse, préférée jusqu'à présent des planteurs pour la facilité de sa culture et sa vigueur, a été presque complètement détruite cette année, sur la plupart des plantations, au moment de la levée et durant tout l'été par des altises, et en décembre par des pucerons. Elle a de plus l'inconvénient de propager le corticium salmonicolor.

Crotalaria usaramoensis. — Les graines de cette crotalaire sont plus chères, et doivent être semées plus serrées que celles de la précédente. Mais aucun des inconvénients signalés ci-dessus n'est à craindre et le développement herbacé est presque aussi important. Nous avons l'intention de l'employer exclusivement cette année.

Crotalaria striata. — N'a pour elle que la facilité d'en obtenir des semences, et le bas prix de celles-ci. Produit peu de matière verte et est très sensible aux attaques des insectes.

Tephrosia vogelii. — *Tephrosia candida.* — Il n'y a pas actuellement de raison bien sérieuse de préférer l'une ou l'autre de ces légumineuses, qui ont toutes deux l'inconvénient d'être attaquées par des chenilles et de fournir dans ce cas peu de graines. Au point de vue végétation, elles semblent également avantageuses ; T. candida, est cependant plus bas et plus dense.

Cajanus indicus. — (ambrevade). — Cette légumineuse a été rejetée par des colons pour son enracinement trop traçant. Il semble que son étude doive être reprise, étant donné la facilité de sa culture et la vigueur de sa végétation.

Légumineuses rampantes ou très basses.

Calopogonium mucunoïdes. — Excellente plante de couverture. En sol planté, elle a tendance à envahir les thés ou cafés et entraîne à un entretien dispendieux. Se resème d'elle-même, garnit très vite le terrain et si celui-ci n'est pas à l'origine trop épuisé fournit une quantité de matière verte considérable. Présente de grands dangers d'incendie. La graine est difficile à obtenir, les gousses très déhiscentes s'ouvrant toutes simultanément.

Mimosa invisa. — Garnit également très bien les terrains non plantés ; en terrain déjà garni, elle gêne beaucoup les coolies par ses piquants ; elle doit dans ce dernier cas être périodiquement ramenée sur les interlignes à l'aide de perches. Cette légumineuse est le meilleur régénérateur de terrain connu, et s'accommode des sols épuisés par le ray et dénudés depuis longtemps.

Centrosema pubescens. — N'a pas été employé en 1929 à la station ; semble constituer un bon couvre-sol.

Telles sont, après éliminations successives, les légumineuses retenues en définitive, parmi les quelque deux cents espèces essayées à la station. Elles répondent à la plupart des desiderata des planteurs. Ceci ne signifie pas qu'on n'en puisse trouver de meilleures. Le groupe des pueraria, des desmodium pourra fournir des espèces intéressantes, certaines d'entre elles sont spontanées sur le plateau de Plei-Ku. Malgré les conclusions précédentes, une collection complète de légumineuses a été entretenue en 1929 à la Station, afin de permettre aux planteurs de les examiner à loisir.

AMÉNAGEMENT GÉNÉRAL DE LA STATION

Bâtiments. — Les nouveaux bâtiments construits en 1929, comprennent :

1 maison d'agent, comportant 3 pièces de 4 m. × 4 m., un cabinet de toilette, une cuisine et un logement de boy de 2 m. 50 × 2 m. 50, chaque, couverture en paillote. Le tout repose sur un terre-plein bétonné et recouvert d'une chape de ciment. Les murs sont en torchis recouvert de ciment, les portes et fenêtres sont garnies de vitres et de volets **persiennés**. L'ensemble est revenu à près de 2.000 $.

1 bouverie de 12 m. × 5 m., couverte en paillote, charpente en bon bois, paroi fermée d'une double rangée de fortes perches. Les deux bouveries de la station peuvent loger ensemble environ 60 animaux. L'entretien des bâtiments a été assuré, les toitures de paillotes ont été partiellement refaites.

Diverses améliorations ont été apportées au logement du Chef de station. Une terrasse et des auvents y ont été ajoutés, ramenant ainsi la façade à une place normale, et protégeant cette façade contre la pluie entraînée par la mousson SW. Deux appentis, servant d'office et de W. C. ont été construits, les portes et fenêtres ont été revues et garnies d'équerres en fer.

En 1930 vont être construits 10 compartiments pour coolies, cinq maisons isolées. Ce travail quoique onéreux doit être réalisé d'urgence. Les maisons de coolies actuelles, construites pour six mois, ont duré deux ans et tombent en ruine. Les coolies, mal logés, sont continuellement atteints de paludisme ou de maladies des voies respiratoires.

Routes.

Le réseau routier de la station, réalisé en 1928, a été envahi par la végétation spontanée durant la saison des pluies 1929, faute d'avoir pu être sarclé en temps voulu. Il a été remis en état en décembre, et a été suffisamment bien nettoyé pour servir comme parc-feu. Le Layon a été également dégagé, pour permettre une inspection rapide de l'ensemble de la station.

TROUPEAU

Le troupeau a été maintenu à l'effectif de 28 têtes. Deux bœufs enlevés par un tigre ont été remplacés numériquement par deux veaux nés en 1929. Ce troupeau a fourni suffisamment de fumier pour les besoins des pépinières et de diverses plantations d'arbres. Cette production de fumier va être accrue par l'augmentation du troupeau.

PRAIRIES ET RIZIÈRES

On s'est contenté en 1929 d'entretenir les canaux de drainage déjà établis. Les terrains bas seront transformés au fur et à mesure des possibilités en rizières et en pâturages. Les rizières seront exploitées, non en culture directe, mais en métayage afin de fixer la main-d'œuvre sur la Station. Des contrats sont passés pour la mise en culture de 10 ha. dès 1930.

*
**

4ᵉ STATION EXPÉRIMENTALE DES QUINQUINAS A LANG-HANH
(Haut-Donnai).

(D'après le rapport de M. Frontou).

Comptabilité. — L'utilisation des crédits se fractionne comme suit :

Main-d'œuvre	15.540 $ 57	soit 77,70 %
Matières consommables	1.984 43	soit 9,92
Matériel et animaux	1.374 28	soit 6,87
Transports	118 99	soit 0,59

Travaux à la tâche.	Défrichement de forêt	310 00	
	Abatage des termitières	374 19	961 $ 50
	Sciage	197 73	soit 4.80 %
	Trouaison	55 38	
	Cassage des pierres	24 25	

	19.979 $ 82
Crédit inutilisé	20 18
Total	20.000 $ 00

La valeur du matériel et des animaux en inventaire atteint : 5.995 $ 89, dans laquelle les 27 bœufs interviennent pour 1.485 $ 00. Il conviendrait d'augmenter ce total de la valeur des constructions que possède la Station soit au moins 20.000 $ 00.

La majeure partie des dépenses d'installation ayant été faite en 1927-28, cette année les dépenses de cultures ont pris une importance beaucoup plus grande que d'ordinaire par rapport aux autres ; néanmoins l'installation a été continuée et des logements assez confortables ont été faits pour les coolies ; une bouverie est presque achevée. On peut regretter que les crédits aient été un peu prématurément réduits à 20.000 $ 00, car des travaux nécessaires, notamment l'installation d'un bélier hydraulique et d'une canalisation, n'ont pu être réalisés.

Travaux de l'année. — Les principaux travaux exécutés sont les suivants :

1°) *Bâtiments* : deux maisons de coolies ayant chacune 20 mètres de longueur sur 5 mètres de largeur, deux maisons de surveillants indigènes de 5 m. × 5 m., un magasin d'approvisionnement, une bouverie suffisante pour 40 bœufs de travail ;

2°) Continuation des travaux de pépinières. Exécution à partir du 8 juillet, des repiquages des plants provenant des semis du 30 octobre et 1ᵉʳ novembre 1928 ;

3°) Continuation des défrichements. Fin décembre nos défrichements complètement achevés dépassent 40 hectares, et de nouvelles extensions sont en cours ;

4°) Continuation de l'étude des légumineuses.

PÉPINIÈRES

A) *Semis* : I. — *Époque des semis.* — De notre troisième semis et repiquage, nous tirons les observations suivantes qui modifient les indications données l'an dernier en ce qui a trait à la meilleure époque de semis. Nous continuons à estimer que le semis doit être fait à une époque telle que les plants aient atteint la force requise pour le repiquage en saison pluvieuse de telle manière que la mise en place se fasse pendant les pluies. Mais nous nous sommes rendu compte que les plants repiqués ne sont pas les seuls à avoir besoin des conditions réalisées par la saison pluvieuse mais qu'aussi les tout jeunes plants existant sous les abris de germination se trouveraient très bien de bénéficier d'une partie de cette saison.

Nous disions que l'époque de semis à préférer était septembre-novembre de manière à obtenir des plants bons à repiquer en pépinière en mai-juin, c'est-à-dire au début des pluies. Notre 3ᵉ semis nous permet de reprocher au choix d'une telle époque de donner le maximum de conditions favorables aux plants repiqués mais en revanche le maximum de conditions défavorables aux semis et aux plants pendant leurs six mois de végétation en couche de germination. Un terme moyen paraît donc meilleur :

L'état hygrométrique très bas de la saison sèche est mauvais pour les jeunes plants qui ont à le subir pendant toute la durée de leur levée et de leur végétation en couche, si l'on a semé en septembre-octobre.

Si au contraire *on sème en février*, c'est-à-dire peu avant la fin de la saison sèche, les jeunes semis végètent en grande partie en saison pluvieuse et sont assez forts pour être repiqués en juillet. A ce moment on a pour la reprise et la végétation après repiquage plusieurs mois de pluies devant soi. Ainsi, cette époque moyenne réalise en optimum tant pour le semis que pour les repiquages.

En effet c'est du 2ᵉ au 4ᵉ et 5ᵉ mois que les jeunes plants sont le plus délicats et le plus atteints par les maladies (maladie du collet notamment). Or ces maladies, d'après nos constatations, sont nettement favorisées par les facteurs suivants :

a) humidité trop grande de la terre causée par les arrosages copieux nécessaires en saison sèche, même en admettant qu'on se maintienne à une moyenne judicieuse ;

b) faible état hygrométrique qui précisément pousse à augmenter l'arrosage. Les vents secs ont une très grande action également ;

c) défauts des propriétés physiques et chimiques du sol, aussi légers soient-ils en saison sèche : le sol se desséchant trop vite il faut faire des arrosages plus nombreux et plus copieux d'où lavage et appauvrissement plus rapide du terrain.

Etat hygrométrique très faible, vents secs souvent rapides d'où nécessité de maintenir humides les sentiers de circulation pour palier à la siccité de l'air. En résumé une forte humidité de la terre a des conséquences mauvaises, alors qu'une forte humidité de l'air est bonne.

Le choix de l'époque de semis, en fonction de la précédente observation, est à notre avis capital pour la réussite de la culture.

Nos autres observations précédentes restent confirmées ; nous les rappelons :

II. — Nécessité d'avoir des couches de germination parfaitement préparées avec un mélange de sable, de terreau et de fumier bien décomposé.

III. — Les rayons du soleil ont une influence bienfaisante par leur action lumineuse, désastreuse par leur action calorifique. Tous les jeunes plants s'inclinent vers l'ouverture de l'abri, comme d'ailleurs dans les plantations de cinchona adultes de Java, tous les arbres s'orientent perpendiculairement au plan incliné du sol, recherchant la pleine lumière. Mais les jeunes plants que les rayons du soleil touchent directement sont presque toujours grillés. Par conséquent : nécessité de construire l'abri de telle façon que la luminosité étant aussi grande que possible, la protection absolue contre le soleil reste assurée.

IV. — Nécessité d'avoir une protection parfaite contre les vents, la pluie, d'où utilité du dispositif d'abri employé.

V. — Nécessité d'une lutte acharnée contre tous les ennemis. Pour cela : emploi de cendres répandues tout autour de la couche (bonne protection contre les fourmis) surveillance jour et nuit contre les autres ennemis : termites, grillons, courtilières, criquets, blattes, etc...

VI. — Les arrosages sont toujours faits au pulvérisateur Vermorel. Il est préférable de n'adopter aucune règle fixe quant à leur fréquence et à leur importance. Par la pratique, au toucher du terreau (l'humidité doit être suffisante mais très modérée), on sait s'il y a ou s'il n'y a pas lieu d'arroser. Les arrosages excessifs exposent les jeunes plants aux maladies cryptogamiques et, inconvénient plus grave encore, usent trop rapidement la fertilité première du terreau qui ne peut jamais être complètement rétablie, malgré les apports faits par la suite.

B) *Repiquages*. — Les ledgeriana, malabars et succirubra provenant des semis du 30 octobre et 1ᵉʳ novembre 1928 ont été repiqués en juillet 1929. Les planches ont été préparées comme suit : bêchage à 35 cm. de profondeur, ameublissement parfait, second et même troisième bêchage lorsque la présence des termites était constatée. La lumière détruit les termites qui y sont exposés. Epandage d'un panier de terreau par mètre carré de planche ; le tout étant mélangé à la terre. Une couche de 2 cm. de terreau pur a complété la fumure.

Les indications générales sont les suivantes :

I. — L'époque des repiquages qui est sous la dépendance du choix de l'époque des semis doit se placer plusieurs mois avant la fin des pluies : juillet est un mois propice.

II. — Les plants sont très exigeants au point de vue de la fertilité du sol, il est nécessaire de les fumer chaque mois. L'humidité étant toujours abondante et régulière, la matière organique disparaît rapidement. D'autre part, les arrosages nombreux de la saison sèche suivant la saison pluvieuse durant laquelle ont été faits les repiquages, appauvrissent particulièrement la couche superficielle. Les jeunes quinquinas ont des racines et surtout un chevelu très traçant, ce qui explique encore l'utilité des fumures superficielles.

III. — Etant donnée la disposition des racines, il importe de faire des binages seulement superficiels, très prudents et aussi rares que possible.

IV. — L'ombrage doit être parfaitement réglé et il y a lieu de tenir compte attentivement de la position du soleil pour le réglage. Il n'est généralement plus nécessaire quand les plants atteignent quinze à dix-huit mois, mais il faut se montrer très prudent en le supprimant ; la suppression doit être progressive : on conserve les panneaux au début, seulement pendant les heures les plus chaudes et on augmente la durée de l'insolation directe journalière, jusqu'à enlèvement complet des panneaux. L'ombrage réalisé au moyen des panneaux se relevant autour d'un axe donne d'excellents résultats. Le panneau principal placé obliquement sur une charpente de soutien est au début accompagné de deux petits panneaux retombant verticalement de chaque côté de la planche. Le grand et les deux petits panneaux sont articulés au moyen de ligatures.

V. — Jusqu'à l'an dernier les courtillières et les grillons semblaient être les principaux ennemis des plants. Cette année les *termites* les ont surpassés. Les dégâts de ceux-ci se caractérisent par les symptomes suivants : Des parties de planches présentent des dépérissements brusques : les feuilles rougissent et sèchent, il ne reste bientôt plus que de rares feuilles au sommet des tiges. Les plus faibles plants meurent. Au bout d'un temps plus ou moins long, ceux qui ont résisté repartent généralement. Aucune pourriture, aucune maladie cryptogamique n'est perceptible. A quelques dizaines de centimètres de profondeur, la terre est compacte, dure comme de la brique. On constate la présence de nombreux termites. Les nids se rencontrent depuis 25-30 cm. jusqu'à 90 cm. de profondeur et même davantage. Ils sont tout petits constitués par une matière grise très friable. C'est uniquement la forme termite blanc que l'on rencontre. Bien que les termites puissent être dangereux en détruisant la matière organique et en s'attaquant directement aux végétaux vivants (ce qui a été observé d'une manière certaine), il semble que l'action la plus néfaste soit due à la transformation du sol en une espèce de brique. Le dépérissement des plants se produit par périodes, (temps d'orages par exemple). Lors des pluies torrentielles très fréquentes, il est encore plus accusé. La terre est à ce moment saturée d'eau qui ne peut s'infiltrer à cause de la compacité du sol ; cela explique le dépérissement. Le soleil du milieu de la journée a une influence très mauvaise sur les parties attaquées, les plants rougissent alors avec une grande rapidité.

La lutte se fait comme suit :

1°) Sur les points très attaqués : défoncement du terrain sur une profondeur de 60 cm., remplacement de la terre compacte par un mélange de sable et de terreau et d'engrais minéraux ($SO^4 K^2$ et $NO^3 K$). Les plants repartent ensuite fort bien ;

2°) Sur les points faiblement attaqués : aménagement minutieux de la couche superficielle (sans arrachage des plants) avec un mélange de sable, de terreau et d'engrais minéraux ;

3°) Partout : fumure superficielle avec un mélange terreau-fumier très décomposé favorisant le développement du chevelu et des racines adventives. Grâce à la lutte entreprise les dégâts ont été pratiquement très faibles.

Nous donnons ci-après un graphique de la croissance du ledgeriana en pépinière après le repiquage.

C) *Plantation définitive.* — Deux petites plantations d'un demi-hectare chacune de malabars et de ledgeriana ont été faites en juillet. Les plants mis en place provenaient des semis d'avril-mai 1927. La plantation s'est faite en stumps complètement ébranchés et étêtés à 1 m. de hauteur, sans habillage des racines qui, au contraire, ont été soigneusement protégées. L'arrachage a été fait en motte, celle-ci étant enveloppée d'un paillon. Nous avons tenu à adopter le procédé des stumps en usage à Java, pour nos deux petites plantations de 1929 étant donnée leur faible importance, afin de l'amender, si besoin était, lors de l'exécution de nos plus grandes plantations de 1930 (20 à 25 hectares). En faveur de ce procédé militent les arguments suivants :

GRAPHIQUE DE LA CROISSANCE DU CINCHONA LÉDGERIANA EN PÉPINIÈRE
APRÈS REPIQUAGE

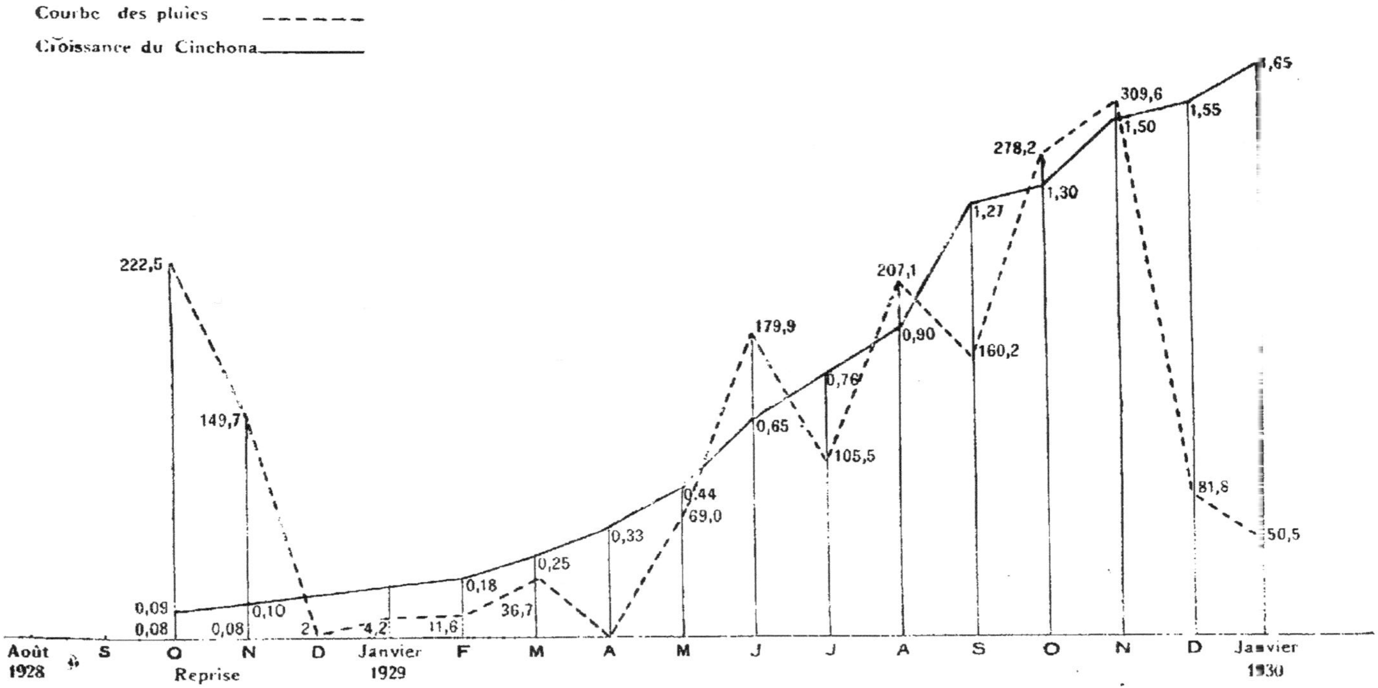

a) Le feuillage du quinquina étant très sensible aux rayons chauds du soleil pendant les périodes critiques — la reprise après transplantation est par excellence une époque critique — mieux vaut planter un arbre bien raciné gardant tout son chevelu, mais dépourvu de feuilles exposées à être grillées. On peut remarquer qu'avant plantation, depuis plusieurs mois, l'ombrage a été supprimé en pépinière, mais il n'est pas douteux que la grande densité des quinquinas en planches crée une protection réciproque, latéralement tout au moins, qui n'existe plus après mise en place aux grands écartements ;

b) Sur le plant, après prise, se développeront de nouvelles pousses, dès leur naissance habituées au plein air et au grand soleil et qui n'auront jamais connu l'ombrage des pépinières. Au service de ces pousses on aura déjà une tige et une racine vigoureuses.

c) Comme pour les autres espèces, plantées en stumps, l'absence de feuilles est un obstacle à une perte d'eau intense du jeune arbre pendant la période de reprise, les radicelles ne s'étant pas encore mises en contact avec les particules terreuses.

d) Le vent n'a pour ainsi dire pas de prise contre les stumps, qui ainsi restent fixes à un moment où ils en ont particulièrement besoin pour faciliter la mise en contact de leurs racines ;

e) Après repousse, le stump donnera un arbre déjà élancé, à tige droite, sans ramification dès la base, point capital en matière de culture du quinquina où l'on se propose d'obtenir un tronc droit et développé afin de récolter de grosses quantités d'écorce. Mais à Java, où ce procédé est en usage, la saison des pluies est relativement plus longue que chez nous, l'arbre a plus de temps pour développer ses pousses et refaire son appareil foliacé avant la saison sèche. Ici, il en est autrement, et malgré la précaution prise de planter dès le début des pluies, les plants n'ont pas assez de temps devant eux pour repartir, et atteignent la saison sèche sans avoir suffisamment végété, d'où retard occasionné à la culture. D'ailleurs la reprise a été parfaite (95 à 98 %) mais certains stumps d'ailleurs rares, n'ont fourni encore aucune pousse, malgré que leur écorce reste parfaitement verte, qu'ils soient encore vivants et qu'on ait lieu d'espérer les voir repartir aux prochaines pluies. En revanche les quelques plants qui n'ont pas été étêtés ont une avance sensible. Nous concluons que notre méthode de plantation, en raison de la nature de notre climat, doit être moins brutale que celle de Java, et qu'on doit se borner à un simple élagage sans étêtage.

Emploi des engrais minéraux

En 1929, il a été reçu les quantités d'engrais suivantes, auxquelles il convient d'ajouter les engrais reçus fin 1928 et employés en 1929 :

Reçu fin 1928 :

108 kg. ammo-phos ;
400 — phosphates naturels du Tonkin ;
400 — superphosphates :
50 — chlorure de potasse ;

Reçu en 1929 :

200 kg. chlorure de potasse ;
550 — sulfate de potasse ;
150 — ammo-phos ;
25 — nitrate de potasse.

Ces engrais ont été employés :

1°) Aux pépinières ;

2°) A la plantation définitive des cinchonas et au moment même de la mise en place.

Pépinières. — *Semis.* — En février et mars, les planches de petits plants reçurent des arrosages à l'eau additionnée de NO3K à des doses équivalant à un apport journalier de 0 gr. 14 par mètre carré. Le traitement a eu une durée variant entre 20 à 30 jours et a été appliqué tous les 6 jours. Ce traitement a été accompagné, à intervalles échelonnés, d'un apport constitué par une fine couche d'un mélange de terreau et de fumier très décomposé. L'effet a été sans nul doute excellent, mais il n'est pas possible de le chiffrer.

Planches de repiquage. — Les essais d'engrais minéraux sur planches de repiquage ont été entrepris fin mars. Ils ont été ainsi conçus :

La fumure aux engrais minéraux fut accompagnée d'une fumure organique servant de substratum. Celle-ci fut composée comme suit :

1 partie de fumier très fin, tamisé ;
2 parties de bon terreau de forêt.

Au mélange ainsi constitué furent ajoutés les engrais minéraux aux doses suivantes :

1°) Pour la dose dite « normale » :

> 20 gr. d'ammo-phos par mètre carré de planche ;
>
> 20 gr. de superphosphate par mètre carré de planche ;
>
> 20 gr. de sulfate de potasse par mètre carré de planche ;

2°) Le double de ces quantités pour la double dose.

3°) La moitié de ces quantités pour la demi-dose.

Les planches furent fumées de la façon suivante :

> Deux planches à double dose :
>
> —   à dose normale ;
>
> —   à demi-dose.

Une planche témoin : cette planche reçut les engrais organiques sans la fumure minérale. Le substratum organique permit un épandage très régulier des engrais minéraux.

Le mélange fumier-terreau fut épandu à raison de 6 paniers par planche de 30 mètres de long soit 30 kg. environ.

:Un cahier de contrôle établi pour l'ensemble de la pépinière et tenu à jour chaque mois permet, par la mensuration d'un certain nombre de plants dans chaque planche, d'indiquer pour chacune la hauteur maxima, la hauteur moyenne des plants).

Il ne fut pas possible de détailler à l'excès nos essais selon le procédé classique : N seul, K_2O seul, N et K_2O réunis, P_2O_5 seul, P_2O_5 + K_2O réunis, etc. : nous manquions de temps, et en outre sur la surface de notre pépinière un trop grand nombre de lots, y compris les témoins, aurait donné à chaque lot une surface trop restreinte, ce qui aurait rendu très difficile l'observation, surtout si l'on tient compte des irrégularités très grandes existant entre les divers plants dans la même planche malgré les triages effectués au repiquage. (Cette irrégularité est normale dans la végétation du cinchona, espèce à croissance très capricieuse dans le jeune âge).

Fin mai, c'est-à-dire deux mois après l'application des engrais, il était très difficile d'après les mensurations faites à la fin de chaque mois de tirer des renseignement concluants de l'expérience.

L'influence des engrais fut également très difficile à dégager fin juillet (au bout de 4 mois) par des chiffres malgré l'examen des hauteurs maxima, moyenne et minima entre les diverses planches. La comparaison entre les planches fumées à demi-dose, dose normale et dose double, soit par les chiffres, soit au simple coup d'œil, ne pouvait donner lieu à aucune conclusion précise. Mais il fut possible de certifier tout au moins

par la comparaison des planches témoins et des planches à engrais minéraux que ceux-ci donnaient plus de vigueur à la végétation — feuilles
plus larges — plus de régularité, surtout pour les ledgeriana.

Application d'engrais au moment de la mise en place des quinquinas. — La mise en place de nos premiers quinquinas fut faite en juillet.
Nous donnons d'autre part des détails sur la méthode appliquée. Les
trous étant de 0 m. 55 × 0 m. 55 sur une profondeur de 0 m. 50, on
apporte à chaque trou un panier contenant :

3/4 terreau ;

1/4 fumier très décomposé ;

250 grammes ammo-phos ;

100   —   sulfate de potasse ;

50   —   phosphate du Tonkin.

Le panier fut partagé par moitié de chaque côté du trou ; le mélange
fut additionné de la terre de surface du sol pour ramener le tout au volume voulu. Une certaine quantité de ce mélange fut alors placée au
fond du trou pour permettre la plantation au niveau convenable, puis
le plant étant mis en place, on entoura la motte du mélange constitué
avec la terre de la surface seulement, et le reste du trou fut comblé
avec le mélange restant.

Pour l'instant il n'est pas possible de tirer des conclusions quant à
l'influence des engrais.

LES LÉGUMINEUSES DE COUVERTURE ET ENGRAIS VERTS

Nos essais ont été faits : 1°) dans des terrains couverts d'anciens rãys
moïs comprenant principalement de vieilles souches de dàu (dipterocarpus) avec de nombreux sujets, diverses essences, sans intérêt — car elles
étaient très clairsemées — le tout dans une couverture très dense d'imperata à hauteur d'homme ;

2°) En défrichement de grande forêt comprenant un peuplement
mixte de pins à 2 feuilles et de dàu accompagné de quelques exemplaires
de chênes et autres essences.

Dans les deux cas nous avons affaire à de la terre rouge basaltique de
grande profondeur. Pour diverses raisons, nos défrichements furent
commencés sur les terrains de la 1ʳᵉ catégorie, et ce fut dans ceux-ci
dont nous avons disposé en premier lieu que nos premières expériences
furent faites et qu'elles furent les plus détaillées.

Nous donnerons ci-dessous des renseignements, non seulement sur nos essais de 1929 mais aussi sur ceux de 1928 et de 1927. Ils ne portèrent pas sur un aussi grand nombre d'espèces que nous l'aurions désiré, mais nous ne pûmes obtenir immédiatement des semences de toutes les espèces. En 1928 et 1929, nous demandâmes nous-même diverses espèces mais pour la majeure partie, elles ne purent nous être fournies. Celles qui nous sont parvenues furent semées en juillet 1929 ; il est encore trop tôt pour se prononcer à leur sujet.

Les observations portèrent, partie sur des légumineuses spontanées isolées à la Station et déterminées par l'Institut des Recherches Agronomiques, partie sur des légumineuses importées et dont les semences, pour la plupart, nous furent expédiées par la Station de Plei-Ku et par la Direction de Hué.

Essais de 1927

Les essais ne purent être commencés qu'assez tard, dans la saison des pluies, la première installation de nos campements provisoires à Lang-Hanh n'ayant pu être faite qu'en mars : les premiers défrichements sommaires furent commencés en mai-juin.

a) Légumineuses spontanées de la région

Quinze espèces ont été repiquées (1) en lignes continues durant les mois de juin-juillet. Les plantes se sont bien développées et ont fourni des graines. Quatre paraissent fort intéressantes ; un jugement ne pourra être porté sur elles qu'après une culture à partir de graines : Desmodium heterocarpum, D. heterophyllum, cassia mimosoïdes, dolichos phaseoloïdes. D'autre part les graines de dix autres espèces ont été récoltées pour en essayer la culture.

b) Légumineuses étrangères

Les graines, provenant de Hué, sont parvenues très tard à la fin de la saison des pluies, leur germination fut fort mauvaise ; elles n'ont rien donné. Les graines provenant de Plei-Ku arrivèrent fin juillet, elles purent être ensemencées le 3 septembre et durant les quelques jours suivants. La germination fut régulière, le développement aussi.

____

(1) Boutures ou plantes entières.

Crotalaria usaramensis eut un beau développement et commença à avoir des graines dès décembre. Les plantes semblent cependant atteintes par une maladie cryptogamique.

Crotalaria anagyroïdes semble encore meilleur et ne commença à fleurir que fin décembre.

Mimosa invisa, au contraire, a donné des tiges normalement couvertes de fruits, mais sans feuilles. Ce piteux résultat doit être attribué au semis tardif dans la saison des pluies.

Les autres graines : calopogonium mucunoïdes, indigofera arrecta, cajanus indicus, cassia tora ne donnèrent rien. Ceci semble dû au semis tardif en saison des pluies.

Tephrosia vogelii sembla mieux se développer que T. candida.

Shuteria vestita donna une bonne pousse. Le semis avait été effectué fin mai (1).

Essais de 1928

Préparation du terrain. — Ces essais furent faits en terre de rây. Le terrain, une fois préparé, fut divisé en parcelles de 50 mètres de large par des allées de 1 m. elles mêmes divisées par des allées et des passe-pieds en bandes de 25 m. × 20 m. Les semis furent faits en lignes ; pour certaines espèces on les exécuta à divers écartements dans des parcelles différentes. On rassembla les légumineuses par genres, afin de permettre la comparaison dans chaque genre des diverses espèces sur des parcelles voisines. Les légumineuses appartenant aux grandes espèces furent essayées en parcelles. Celles que nous jugeâmes secondaires (sous réserve de rectification ultérieure) furent observées en planches étroites (1 m.).

Essais de 1929.

Les expériences en parcelles, précédemment décrites furent continuées en 1929. En outre une certaine quantité d'espèces furent observées sur grands défrichements, pour la couverture du terrain, son amélioration, la conservation de sa propreté et l'égalisation de sa fertilité pendant un an au moins. C'est surtout à ce point de vue que nous avons étudié nos légumineuses à Lang-Hanh. Notre petite plantation de quinquinas de juillet 1929 est encore trop récente et trop peu importante pour nous avoir permis l'examen des légumineuses considérées comme couverture ou engrais vert interplanté.

---

(1) Graines reçues de Java. Petite légumineuse rampante, trifoliée, très discrète, employée spécialement dans les plantations de quinquina.

CROTALAIRES

Semis de 1928. — Furent exécutés en lignes pour les trois principales espèces : usaramoensis, anagyroïdes, striata. Les autres espèces linifolia, tetragona, valetonii furent observées en planches sur de petites superficies. Afin de rechercher les meilleures densités les semis furent faits à des espacements différents dans des séries de carrés ; il en fut d'ailleurs ainsi pour les autres grands genres. On tient compte pour les limites de variation du format normal de la planche.

Le tableau suivant fournit les conditions des semis :

DÉSIGNATION des espèces	DATES des semis	DATES de levée	ESPACEMENTS des lignes	QUANTITÉS de graines semées	NOMBRE de grammes de semence au mètre courant	
Crotalaria usaramoensis	24 à 25-5 — — — 12 juin	24-29 mai — — — 16 juin	1m, 0,90 0,80 0,70 0,80	non pesées ; assez grandes quatités. 210 gr.	0gr.9 — — — 0gr.64	
Crotalaria anagyroïdes	11 juin 12 — 16 — 17 —	15-16 juin 16-18 — 21-22 — 21-22 —	1m, 50 1,00 1,20 1,30	476 gr. 793 — 885 — 900 —	1gr. 58 1, 58 2, 21 2, 25	
Crotalaria striata	11 juin 11 — 12 — 16 — 17 —	16-20 juin 16-20 — 16-20 — 21-24 — 21-24	0m, 80 0,80 1,00 0,90 0,70	490 — 490 — 415 — 425 — 545 —	0gr81 0, 81 0, 83 0, 80 0, 80	Quantité un peu faible
Crotalaria linifolia : Crotalaria tetragona ' Crotalaria valetonii :	11 juin — —	16-22 juin 15 juin 13-16 juin	Planches	10 gr. 50 gr. 100 gr.		

La réussite des crotalaires fut partout à peu près bonne. Les essais étant faits sur terre de ray, quelques sarclages, espacés et d'ailleurs très rapides furent exécutés pour purger les cultures des repousses de tranh provenant des rhizomes oubliés par les coolies lors du piochage à la houe.

Mais au début de septembre, trois mois à trois mois et demi après le semis on fut frappé de la très inégale vigueur des cultures (observation concernant aussi les autres espèces). On remarqua, dans les carrés, comme une sorte de mosaïque où la légumineuse était de vigueur inégale.

Quoique le terrain fût très peu mouvementé, les creux à peine marqués, probablement plus riches, portaient des plantes beaucoup plus développées. Cette observation tient sans aucun doute à une inégale fertilité du sol, le terrain ayant été préparé partout de la même manière : les emplacements de termitières sont remarquables à ce point de vue ; la végétation y est à peu près nulle ; elle est aussi très faible au niveau des bûchers brûlés lors du défrichement (1). Ces bûchers laissent bien un dépôt de matières minérales, surtout de carbonate de potasse, sous forme de cendres, mais leur combustion entraîne une véritable incinération du sol sur une profondeur plus ou moins grande, ce qui le prive totalement d'humus au moins dans sa partie superficielle.

Au début de mars, on constata dans c. usaramoensis et c. anagyroïdes que les gousses contenaient beaucoup de petites chenilles d'un vert grisâtre, qui les vidaient. Ces chenilles provenaient d'un petit lepidoptère bleu apparaissant seulement en pleine saison sèche.

En mai, les crotalaires furent récépées (sauf sur quelques carrés conservés pour la semence) afin que de nouvelles pousses se développent avec les pluies. Voici les conclusions pouvant être fournies à la fin de décembre 1929 au sujet du récépage :

Cette opération, jusqu'à ce jour, ne semble pas présenter un grand intérêt en dépit de l'excellence de son principe, surtout en ce qui concerne c. usaramoensis. Le récépage à 10 cm. au-dessus du sol provoque le développement en moyenne de 2 ou 3 sujets sur les plantes qui repartent ; mais environ 50 % des plantes récépées (après comptage sur une

---

(1) On observe exactement le contraire à Plei-Ku. Cela provient de ce qu'à Lang-Hanh la quantité d'arbres et de végétaux brûlés est beaucoup plus considérable qu'à Plei-Ku. Le feu durant plusieurs jours la terre est complètement calcinée et stérile pendant quelque temps, tandis qu'à Plei-Ku où le feu dure à peine une heure le dépôt de cendres laissé bonifie la terre (GILBERT).

surface déterminée) disparaissent (1). Il est à noter toutefois que c'est là où le semis est très dense que le nombre de pieds morts est le plus élevé, que ce sont les pieds les moins vigoureux qui disparaissent, et qu'en conséquence, il se fait une sélection. Néanmoins la comparaison des parcelles récépées et non récépées est à l'avantage de ces dernières qui, outre une végétation plus abondante, semblent présenter davantage de matière organique à la surface du sol. D'ailleurs après récépage, le sol est exposé directement au soleil, le départ de la végétation est ensuite lent, les mois de juin et août étant à pluviométrie relativement faible.

Malgré tout, il n'est pas douteux que le récépage, ou pour prendre une méthode moins brutale, la taille, doivent être étudiés dans le détail pour chaque espèce et mis au point.

Crotalaria usaramoensis conserve au début de la saison sèche une végétation moins abondante que crotalaria anagyroïdes dont le feuillage reste d'un vert foncé.

Il semble bien d'ailleurs que plus le couvert protecteur contre le soleil est dense, moins la *surface* du sol se dessèche (certains admettent le contraire, tout au moins pour le sol jusqu'à une certaine profondeur, tenant compte de la puissance d'évaporation au prorata de la densité de la culture). Ceci semble résulter de la simple observation directe et en particulier du fait suivant : En décembre, les parties E-N-E des parcelles de crotalaria anagyroïdes (partie opposée à la direction du soleil qui en cette saison se couche à l'W-S-W) montrent une humidité accentuée à la surface du sol et donnent l'illusion qu'un léger arrosage a été fait. Les plantes remplissent un rôle de condensation vis-à-vis de l'humidité atmosphérique, et crotalaria anagyroïdes présente ce caractère d'une manière très accentuée (2).

---

(1) A Plei-Ku, les crotalaires récépées ont plus bel aspect que partout ailleurs. Cela provient de ce que les récépages ont été faits pendant la saison des pluies, tandis qu'à Lang-Hanh ils l'ont été pendant la saison sèche et peut être aussi trop tard.

Le récépage des légumineuses doit être fait entre le troisième et quatrième mois de végétation lorsque les tiges ne sont pas encore complètement aoûtées. On peut faire à un mois et demi d'intervalle trois récépages consécutifs le premier à vingt centimètres au-dessus du sol et les autres un peu au-dessus (GILBERT).

(2) L'opinion de M. Frouton, Ingénieur agronome, Directeur de la Station du quinquina, quoique basée sur des observations sérieuses est discutable. Nous avons observé exactement le contraire à Plei-Ku sur des plantes cultivées, en particulier sur des théiers qui avaient bel aspect tant que les pluies persistaient mais étaient tués par l'engrais vert au cours de la saison sèche. Il est donc nécessaire d'étudier plus longuement cette action de l'engrais vert sur la plante pendant la saison sèche avant de se faire une opinion définitive (GILBERT).

Voici les poids de matières obtenues en coupant les plantes au ras du sol, et en faisant les pesées pour chaque espèce sur trois bandes de chacune 12 mètres carrés, prises en trois endroits différents :

Crotalaria anagyroïdes : 45.000 kg. à l'hectare ;

Crotalaria usaramoensis : 34.000 kg. à l'hectare.

En ce qui concerne la récolte des graines, on peut dire que la cueillette est beaucoup plus économique pour c. usaramoensis (un coolie récolte un sac de gousses par jour) que pour c. anagyroïdes.

Parmi les crotalaires spontanées, isolées à la Station, diverses espèces furent essayées :

C. ferruginea, c. alata, et diverses autres de détermination incertaine.

C. *ferruginea* donna lieu aux observations suivantes :

3 juillet 1928 : semis.

6 août : germination quasi-achevée ; elle a été assez étagée. La plante s'applique bien au sol. Hauteur 1 cm. 1/2.

4 janvier 1929 : Se développe relativement en saison sèche ; présente quelque intérêt.

6 février : Très rustique ; continue à se développer en saison sèche.

6 avril : Très rustique ; a traversé toute la saison sèche sans disparaître. Continue encore à végéter mais faiblement.

6 juin : Depuis les pluies est extrêmement ramifiée et feuillue dès la base ; préserve parfaitement la terre du ravinement. C'est la seule espèce à tige dressée qui ait cette propriété.

En résumé, parmi les crotalaires importées, trois surtout ont retenu notre attention :

Crotalaria striata ; d'intérêt assez faible, tout au moins en culture pure.

Crotalaria anagyroïdes   de grand intérêt.
Crotalaria usaramoensis   de grand intérêt.

La préférence resterait à la deuxième si la récolte des graines en était aussi facile que pour c. usaramoensis. Elle est rustique, de grand développement, résiste plus aisément à la saison sèche, fournit plus de matière organique. Se prête plus facilement au récépage.

Parmi les crotalaires aborigènes, nous retenons c. *ferruginea ;* espèce très rustique et préservant bien le sol du ravinement malgré que ce soit une espèce dressée.

Semis de 1929. — Les légumineuses sont employées sur des surfaces relativement grandes pour couvrir les nouveaux défrichements :

Semi de juin. — Crotalaires.

I. — Défrichement de forêt. Deux sortes de semis sont effectués.

a) en lignes : 1 hectare 25 en c. usaramoensis ; espacement 0 m 70.

b) à la volée : en mélange 6 ha. 25 de c. usaramensis, c. striata, centrosema pubescens (15 kg. c. usaramoensis, 15 kg. c. striata, 5 kg. centrosema pubescens à l'hectare).

II. — Défrichements de ray.

À la volée : 1 ha. 12 en c. usaramensis.

Semis de septembre : 2 hectares sont ensemencés à la volée en c. usaramoensis (défrichements venant d'être achevés).

Semis d'octobre : À la volée : 2 ha. 25 en c. usaramoensis.

1 ha. en c. anagyroïdes.

Ces semis sont trop tardifs pour donner des couvertures fournies, mais mieux vaut couvrir les terrains dont le défrichement est tardivement achevé, que pas du tout.

Voici les observations :

2 août : La levée a été régulière, le développement se poursuit régulièrement : les semis à la volée semblent bien réussis.

24 octobre : C. usaramoensis présente une abondante floraison et des gousses vertes. Les semis à la volée ont un excellent aspect, et donnent entière satisfaction.

25 novembre : C. usaramoensis semé en juin a un développement très satisfaisant.

C. usaramoensis et c. anagyroïdes semées à la volée en septembre forment un tapis qui semble devoir résister à la saison sèche.

C. striata semée en mélange avec c. usaramoensis en juin à la volée, se développe d'une façon satisfaisante. *Le mélange des deux espèces a très bel aspect alors que c. striata en culture pure ne donne aucun résultat.*

23 décembre : Pour les semis à la volée effectués tardivement, c. usaramoensis et surtout c. anagyroïdes semblent les meilleures espèces.

L'utilisation pratique des crotalaires comme couvertures de défrichement, en attendant la plantation, permet de tirer les conclusions suivantes :

1°) *C. usaramoensis et c. anagyroïdes*, surtout cette dernière, sont encore les meilleures. Toutefois lorsqu'on a à couvrir de grandes surfaces nécessitant beaucoup de semences, c. usaramoensis est préférable, à cause de sa grande fécondité, et du prix de revient très faible de ses semences ;

2°) *C. striata* qui ne vaut rien en culture pure peut être utilisée avec profit en mélange :

3°) Dans la pratique, le semis à la volée est meilleur que le semis en lignes si l'on n'a pas à économiser la graine. S'exécute rapidement, tient facilement en échec l'imperata qui, avec le semis en lignes, a tendance à repousser dans l'interligne tant que la crotalaire ne s'est pas suffisamment développée ;

4°) De légers et rapides sarclages étant faits au début seulement, dès que la crotalaire a végété, l'imperata ne pousse plus.

Tephrosia. — Une lacune semble exister aux tableaux suivants, en ce qui concerne *tephrosia candida*. Les plantes obtenues des semis de septembre 1927 ne donnèrent qu'une végétation très inférieure à celle de t. vogelii. Elles ne fournirent qu'une floraison peu abondante, et une fructification insignifiante. En outre, en juillet 1928, les feuilles étaient atteintes par une maladie cryptogamique (produisant des taches grisâtres) se propageant sur les jeunes t. vogelii voisins. Ce fut une raison suffisante pour abandonner cette espèce, au moins provisoirement.

Semis de 1928 : Semis en lignes.

DÉSIGNATION des espèces	DATES des semis	DATES de germination	ESPACEMENT	QUANTITÉS de graines semées	NOMBRE de grammes de graines au mètre courant
Tephrosia noctiflora :	15 Juin	22 Juin	0m80	373 gr.	1gr.10
—	—	—	1,10	477 —	1gr.06
Tephrosia tinctoria :	16 Juin.	19 Juin	1,00	885 —	1gr.77
—	—	—	1,10	815 —	2gr.33
Tephrosia vogelii :	28 Juin	2 Juillet	0,90	815 —	2gr.33
-	—	—	1,10	640 —	2gr.32
Tephrosia vestita :	28 Juin	2-3 Juillet	1,10	640 —	2gr.32

Semis de 1929. — Sur nouveaux défrichements, nous avons semé :

Tephrosia candida : Semis en juillet (25 kg.) sur terre déjà couverte en c. usaramensis. Fin octobre cette plante avait atteint 25 cm. de hauteur ; elle était de développement régulier.

Tephrosia noctiflora. — Semis en lignes en août. Atteignait 20 à 25 cm. le 24 octobre. Est donc de développement plus rapide que le précédent. Pour les semis tardifs semble être d'assez bonne qualité.

De l'examen des tephrosia à Lang-Hanh, nous pouvons tirer les conclusions suivantes :

Seul jusqu'à ce jour *tephrosia noctiflora* semble être une espèce à retenir. Son départ sur terrain neuf est lent la première année, mais la deuxième année grâce à grande rusticité, il s'étale, sa végétation est régulière et satisfaisante. Toutefois il ne peut être comparé, comme légumineuse dressée, à crotalaria usaramensis et c. anagyroïdes. Pour la couverture des défrichements, il faut des plantes aptes à végéter en terrain neuf — souvent acide — poussant vite et couvrant immédiatement le terrain pour tenir en échec le tranh. Or, t. noctiflora n'a aucune de ces qualités. Voici le résultat de l'évaluation des poids de matière organique obtenue par fauchage : Tephrosia noctiflora : (pousse de 2ᵉ année) 25.000 kgs. à l'hectare, contre 45.000 à c. anagyroïdes, et 34.000 à c. usaramensis.

INDIGOFERA. — *Semis de* 1928.

Semis en ligne :

DÉSIGNATION DES ESPÈCES	DATES des semis	DATES de germination	ESPACEMENT :	QUANTITÉ de graines semées	NOMBRE de gramme de graines au mètre courant
Indigofera endeca-phylla	12 juin	20-24 juin		60gr.	0gr.80
Indigofera suffruti-cosa	12 —	17-18 —	Plan-ches	85gr.	
Indigofera hirsuta.	13 —	22-24 -		200gr.	
Indigofera arrecta..	14 —	21-25 —	0m70	555gr.	
	16 —	21-26 —	0,70	218gr.	
Indigofera Quang-Nam	14 —	19-22 —	0,80	414gr.	0gr.81
	15 —	19-22 —	0,70	229gr.	
Indigofera aborigè-ne .... (Striata	10 —	20-28 —		85gr.	
Indigofera K abori-gène (Station) .. (gallegodes ?) ..	12 —	16-18 —		85gr.	

De tous les indigoféra, seul *indigofera endecaphylla* présent un réel intérêt. Cette espèce, vivace, très discrète forme un grand tapis, épais, s'appliquant bien au sol, sous lequel la terre prend l'aspect du terreau. Ce tapis serait très facile à enfouir par un profond piochage, ou par un labour avec une charrue à disque par exemple. Nous ajoutons que cette plante se multiplie facilement par boutures, ce qui compense l'inconvénient de sa faible fructification.

Semis de 1928.

CASSIA

Semis en lignes :

DÉSIGNATION des espèces	DATES des semis	DATES de germination	ESPACE-MENTS	QUANTITÉS de graines semées	NOMBRE de grammes de graines au mètre courant
Cassia mimosoïdes	17 juin	2-10 juillet	0ᵐ70	427 gr.	0 gr. 80
Cassia leschenaultiana	16 —	22-24 juin	—	100 gr.	—
Cassia occidentalis	—	23 —	—	100 gr.	—
Cassia absus	—	4-10 juillet	—	50 gr.	—
Cassia mucunoïdes	—	24-28 juin	—	50 gr.	—
Cassia passellaria .	—	24-28 —	—	50 gr.	—

En plus un semis à la volée de cassia mimosoïdes fut effectué le 3 juillet : les graines furent légèrement enterrées au rateau de jardinier. Le 6 août, ce semis présentait une levée pour environ les 3/4 des graines.

Parmi les cassia le seul qui doit être retenu, et semble présenter un véritable intérêt, est *cassia leschenaultiana*. Il se reproduit naturellement, se développe vigoureusement sous la végétation serrée.

Est à examiner comme légumineuse interplantée.

CENTROSEMA PUBESCENS

CALOPOGONIUM MUCUNOIDES

MIMOSA INVISA

Nous groupons ici, bien qu'elles n'appartiennent pas au même genre, trois grandes espèces qui se ressemblent par leur utilisation :

Centrosema pubescens. — Semis de 1928.

En lignes :

DÉSIGNATION des espèces	DATES des semis	DATES de germina-tion	ESPACE-MENTS	QUANTITÉS de graines semées	NOMBRE de grammes de graines au mètre courant
Centrosema pubes-cens	17 Juin	23 Juin	1m00	1000gr.	2gr.10
—	19 —	23-25 —	1,10	890gr.	1gr.97
—	30 —	5 Juillet	0,90	1000gr.	1gr.90
	30 —	5 —	1,20	930gr.	2gr.30

Pour *calopogonium mucunoïdes*, les semis furent faits également en lignes les 3 et 13 juillet.

Pour *mimosa invisa*, les semis furent exécutés en lignes les 5 et 8 juillet. Des espacements différents furent adoptés par lot comme pour centrosema.

Terrain de forêt :	*Semis de 1929 : en juin :* 1°) *En lignes :* 0 Ha. 75 de *calopogonium :* 13 kg. de graines, espacement : 0 m. 90. 0 Ha. 75 de *centrosema pubescens :* 12 kg. de graines, espacement : 0 m. 90. 2°) *A la volée :* 1 ha. 25 d'un mélange de c. usara-moensis, C. striata, centrosema pubescens (15 kg. de la 1re espèce 15 kgs. de la seconde, 5 kgs. de centrosema).
Terrain de ray :	*Semis de mai :* 1 parcelle de 0 Ha. 40 en *mimosa invisa.*

Voici les observations :

2 *août :* Calopogonium et centrosema se développent régulièrement ; mimosa invisa, au contraire, est de développement plus irrégulier.

4 *octobre :* Développement satisfaisant des espèces rampantes, Calopogonium se développe plus rapidement que centrosema.

20 *octobre* : Calopogonium couvre entièrement les interlignes sauf sur les termitières. Présente un début de floraison ;
centrosema se développe et fleurit.

24 *novembre* : Calopogonium fleurit abondamment et donne de nombreuses gousses vertes. Il fournit un tapis uniforme beaucoup plus développé que celui de centrosema pubescens qui a des gousses vertes mais ne fleurit plus ;
mimosa invisa présente une floraison abondante et couvre bien le terrain, empêchant les mauvaises plantes et notamment les fougères de pousser.

Des observations de 1928 et 1929 nous tirons les conclusions suivantes :
Les trois espèces considérées sont excellentes pour la couverture des défrichements.

Calopogonium conserve sa végétation plus longtemps que centrosema pendant les premiers mois de la saison sèche (2 à 3 mois). Il donne beaucoup de feuilles mortes enrichissant le terrain. En revanche il est plus lent à repartir en 2ᵉ pousse après la réapparition des pluies.

Centrosema repart en 2ᵉ pousse dès la réapparition des pluies et dès le 3ᵉ mois la saison pluvieuse végète plus régulièrement et plus abondamment que calopogonium. Mais la végétation de centrosema cesse dès la fin des pluies (1). Centrosema, espèce grimpante et rampante, ne serait pas sans inconvénient pour l'interplantation du quinquina (2). A cause du décalage du deuxième cycle végétatif de ces deux espèces, il serait peut-être intéressant d'essayer en mélange calopogonium et centrosema, le second permettant d'assurer la précocité de la culture de couverture dès les pluies quand calopogonium n'a pas encore poussé, le premier prolongeant la durée de la culture mixte après la fin des pluies quand centrosema a cessé de végéter.

Mimosa invisa se développe abondamment pendant la saison pluvieuse, donne un tapis moins appliqué au sol que calopogonium et centrosema, mais une couverture extrêmement dense sous laquelle les mauvaises plantes ne peuvent pas pousser, sauf en saison sèche, pendant laquelle la couverture n'est plus suffisante pour s'opposer au développement du tranh et des fougères. Comme centrosema, il cesse de végéter et commence à se dessécher dès la fin des pluies mais repart très bien aux pluies suivantes. On peut reprocher à ses fines folioles de former

---

(1) Le contraire a été observé à Plei-Ku où C. pubescens reste vert toute l'année (GILBERT).

(2) Calopogonium a le même inconvénient (GILBERT).

une couverture morte plus éphémère. Cependant, sous mimosa invisa la terre reste noire longtemps. D'autre part, toute la couche superficielle du terrain est littéralement envahie par le très épais chevelu des racines du mimosa invisa, sur lequel les folioles sont appliquées. La présence de ce chevelu, qui serait un inconvénient pour une légumineuse interplantée, est certainement avantageuse pour une plante de couverture venant après défrichement. Les dangers d'incendie, avec mimosa invisa, ont peut-être été exagérés. On a essayé systématiquement, à dates échelonnées, et en pleine saison sèche, d'incendier à Lang-Hanh la couverture de mimosa invisa, complètement desséchée et très épaisse. On n'y est jamais arrivé. A maintes reprises, des tas d'herbes sèches ont été déposés au milieu des parcelles, la combustion de ces tas d'herbes n'a jamais communiqué le feu au mimosa. Bien mieux, le feu se communiquait aux brins d'imperata ayant pu repousser lors du dessèchement du mimosa mais laissait toujours indemne celui-ci.

Voici les évaluations des poids de matière fournie par les trois espèces :

Calopogonium : 27.000 kg. à l'hectare ;
Centrosema : 25.000 — —
Mimosa invisa : 25.000 — —

Les trois espèces sont à retenir.

En ce qui concerne la densité désirable pour les semis en lignes, nous faisons les remarques suivantes, pour les trois plantes :

Les semis en lignes doivent être très serrés. Centrosema semble le plus caractéristique à ce point de vue. Aux grands espacements, les rameaux s'allongent dans les interlignes et ne forment pas de couverture épaisse. Aux faibles espacements (0 m. 80), ils forment au contraire de véritables rouleaux de verdure qui se touchent. Donc quand la repousse du tranh n'est pas à craindre, le semis en lignes — qui facilite les premiers sarclages — peut être avantageusement remplacé par un semis à la volée. Avec celui-ci les rameaux se dispersent dans toutes les directions et une couverture uniforme du sol peut être rapidement obtenue.

LÉGUMINEUSES DIVERSES

Les autres légumineuses essayées, étrangères et aborigènes, offrent un intérêt beaucoup moindre que les espèces dont il a été précédemment parlé.

Pycnospora nervosa. — Plante aborigène rampante.

Fut semée à la volée le 1er juillet 1928. Le 6 août la première paire de feuilles était nettement visible mais les trois quarts des graines seulement avaient levé. La germination est donc lente. A la fin des pluies (2 octobre) cette plante fut jugée comme l'une des plus vigoureuses des espèces rampantes. A la saison des pluies suivante (observation du 4-7-29). P. nervosa eut une bonne repousse et le développement parut très bon par la suite (6 septembre). Au début d'octobre cette espèce commença à fleurir, et forma ses gousses. Le 25 novembre Pycnospora nervosa avait fructifié abondamment et les dernières gousses arrivaient à maturité. Cette plante donne un tapis satisfaisant ; elle produit des racines adventives, mais seulement sur les tiges lignifiées. Il s'agit là d'une espèce discrète sans intérêt pour la couverture sur défrichement mais pouvant être utile pour la couverture de la plantation de quinquina qui précisément préfère une plante discrète.

Il conviendrait d'ajouter encore *desmodium gyroïdes, d. heterocarpum d. heterophyllum,* espèces aborigènes qui furent essayées en culture à partir de 1927 et 1928. Ce sont des espèces rampantes de petit format, dont la végétation s'arrête en saison sèche. Les deux premières d. gyroïdes et heterocarpum présentent quelque intérêt, mais elles ne sauraient nullement être comparées aux grandes espèces importées.

5° PÉPINIÈRES DE HUE.

Les pépinières d'arbres et d'arbustes d'ornement ou d'ombrage de la Direction des Services agricoles à Hué couvrent environ 4 hectares et sont abondamment pourvues en principales essences utiles et ornementales.

Il a été distribué pendant l'année 1929 :

	PALMIERS	ARBRES d'ave-nen	ARBRES fruitiers	PLANTES ornementales	BOUTURES	GRAINES	NOIX
Gratuit (aux Services publics)	118	1.830	1.009	1.732	7.265	414 k. 300	2.600
Onéreux aux pàrticulier	588	356	173	355	3.827	140 200	0
total............	706	2.180	1.182	2.087	13.092	554 k. 500	2.600

CHAPITRE VII

VULGARISATION AGRICOLE

En plus de l'expérimentation agricole des Stations d'essai, qui n'est en réalité qu'un travail de vulgarisation à longue échéance, les ingénieurs du service par de nombreuses tournées et visites aux agriculteurs indigènes ont continué leur propagande pour l'amélioration des cultures. Un gros effort a été fait pour l'utilisation des engrais minéraux en riziculture, sur les mûraies, etc...

Il serait donc à souhaiter qu'une coordination des efforts des Banques de Crédit Agricole officielles, des Services d'Agriculture, et des bureaux privés d'engrais permettent une plus grande extension de l'emploi de ces matières fertilisantes. *Cependant une propagande plus intense ne pourra être faite auprès des agriculteurs indigènes que lorsque nous serons en mesure de leur indiquer quels sont les engrais pouvant leur donner des résultats certains.*

1er Secteur.

1er Secteur.

Dans la province de Ha-Tinh, plusieurs champs d'essai ont été créés en vue de déterminer l'influence des fumures phosphatées sur les riz du 10e mois. En général, l'effet du phosphate seul, bien qu'évident, a été peu marqué. Il semble que le phosphate a une influence sur la production en grain de la culture qui suit cet épandage. Cette influence paraît d'autant plus grande que la dose d'engrais épandue est plus élevée, mais dans aucun cas le supplément de récolte ne paie les frais supplémentaires engagés pour l'achat de la matière fertilisante. Ces essais devront être poursuivis plusieurs années.

Ainsi qu'il a été rendu compte au chapitre précédent, la lutte contre la maladie des aréquiers du Huong-Khê a été poursuivie méthodiquement.

Etude sur les thés du Nghê-An.

Etude sur les oléagineux de la province de Thanh-Hoa et de l'huilerie dans le Nghê-An.

Etude sur la répartition des rizières de différentes récoltes avec détermination des accidents auxquels elles sont exposées dans le Nord de la province de Ha-Tinh.

Etude sur la récolte du riz du 10e mois en différents points du réseau d'irrigation projeté dans le Nghê-An.

Cartes rizicoles des provinces de Thanh-Hoa et de Nghê-An.

Monographie de la province de Nghê-An (avec cartes, diagrammes et tableaux).

Détermination de l'emplacement des terres rouges dans la région de Pho-Cat.

Enquête sur le commerce du coton dans la province de Thanh-Hoa.

Commission d'évaluation de terrains, de dégâts causés par les typhons.

Commissions forestières, etc...

Surveillance des pépinières de la ville de Vinh.

2ᵉ Secteur.

Ce secteur a, au cours de l'année 1929, été longtemps sans titulaire, les travaux se sont donc bornés aux tournées d'inspection habituelles pour la sériciculture et les renseignements sur les cultures indigènes, la surveillance du jardin d'aréquiers créé à côté de Hué en 1929. Enquête sur les usines de transformation des produits agricoles. Commissions forestières et de demandes de concessions, etc...

3ᵉ Secteur.

Aménagement à Binh-Dinh d'un champ de démonstration pour l'amélioration des cultures indigènes.

Expériences d'engrais chimiques sur rizières et sur muraies dans la région de Binh-Dinh.

Essais de cultures fourragères dans le Phu-Yên.

Culture de la ramie du Phu-Yên.

Culture du ricin dans le Sud-Annam.

Organisation d'essais de taille du mûrier pour déterminer la meilleure époque de taille en vue de l'obtention de feuilles en hiver.

Inspection des cultures et établissement de muraies et cocoleraies à Long-Son, Ky-Son, Qui-Hoa et Degi.

Réorganisation des pépinières de la ville de Qui-Nhon.

Visite des établissements de filature et de tissage de Phu-Phong et de Huynh-Kim et de la fabrique d'albumine de Qui-Nhon.

4ᵉ Secteur.

Le poste de Phan-Rang n'a eu de titulaire qu'à partir du mois de novembre. Aucun travail important n'a pu être entrepris dans ce secteur.

Commissions d'enquêtes sur les demandes de concessions.

5ᵉ *Secteur.*

En plus des travaux de la Station de Plei-Ku qui absorbent presque tout le temps dont dispose le Chef de secteur, les travaux suivants ont été exécutés :

Commission de détermination des demandes de concession.

Commission fixant le prix des terrains domaniaux.

Délimitation, d'accord avec les autorités de la province, de la concession demandée par S. M. Bao-Dai.

Fournitures de graines aux colons de la région.

Visites régulières des plantations du Kontum et du Darlac pour tenir la direction au courant des travaux et des progrès réalisés sur les concessions européennes.

Renseignements sur les cultures indigènes.

Intérim assurant le service du 3ᵉ Secteur-pendant l'absence du titulaire.

6ᵉ *Secteur*

De même que pour le Chef du 5ᵉ Secteur, le titulaire du 6ᵉ Secteur a, dans ses attributions, la direction de la Station du quinquina à Lang-Hanh.

Au cours de l'année les travaux suivants ont été exécutés :

Intérim du 4ᵉ Secteur agricole ;

Visites des plantations de la région et conseils donnés aux planteurs ;

Vente de graines de légumineuses aux planteurs.

Inspection des cultures indigènes.

Prospection de terrain.

Réorganisation de la Station maraîchère et d'élevage de Dankia.

CHAPITRE VIII

APERÇU DE L'ANNÉE AGRICOLE EN ANNAM

AGRICULTURE INDIGENE

CULTURES PRINCIPALES

Riz.

L'année 1929 fut comme la précédente des plus mauvaises pour la production rizicole, les conditions climatériques n'ayant été que rarement favorables. Les récoltes du premier semestre et aussi celles du 2ᵉ furent diminuées par la sécheresse ; mais en plus, une série de typhons successifs détruisit du Nord au Sud entièrement par places, en partie partout ailleurs, les récoltes du 3ᵉ et 10ᵉ mois. L'année 1928 avait été une mauvaise année rizicole, l'année 1929 n'a pas été meilleure.

La moyenne de production des cinq dernières années (1924-1928) ressort à plus d'un million de tonnes ; la récolte de cette année n'atteint que neuf cent trente cinq mille tonnes.

Si nous comparons maintenant, les récoltes du premier semestre (troisième à cinquième mois) et celles du deuxième semestre (huitième à dixième et douzième mois), cette année et l'année dernière, nous voyons que la production du premier semestre fut presque normale en 1929 et supérieure à celle de la même époque en 1928 ; mais pour le deuxième semestre les effets désastreux de la sécheresse et des typhons apparaissent.

1ᵉʳ *semestre* :

Année 1929.		Année 1928.	
Surface	Production	Surface	Production
428.000 Ha.	404.536 T.	425.536 Ha.	354.399

Rendement à l'hectare : 945 kg. Rendement à l'hectare : 830 kg.

Soit en plus pour le premier semestre de l'année 1929 :

    2.500 hectares seulement et
    50.000 tonnes.

2ᵉ *semestre*.

Année 1929.		Année 1928.	
Surface	Production	Surface	Production
621.631 Ha.	530.510 T.	552.208 Ha.	561.015 T.

Rendement à l'hectare : 853 kg.   Rendement à l'hectare : 1 T.

Soit pour le deuxième semestre de l'année 1929 :

69.000 hectares en plus, et cependant ;
31.000 tonnes en moins.

L'augmentation des superficies cultivées en riz est due aux provinces nord de la région moï : le Kontum et le Darlac. L'année dernière, il n'avait été indiqué que les surfaces cultivées en riz aquatique, et non celles des rays. Cette année, on a :

Kontum 30.000 Ha. au lieu de 2.000 en 1928 soit 28.000 Ha. en plus. Darlac : 76.000 Ha. au lieu de 7.500 soit 68.500 Ha. en plus.

Soit, pour ces deux provinces, 96.500 Ha. en plus : on voit donc qu'il y a, dans les autres provinces, une diminution de la surface cultivée en riz (Quang-Nam, Quang-Ngai et Binh-Dinh surtout). Cette diminution est due à la sécheresse qui empêcha la mise en culture de nombreuses rizières.

Le tableau suivant indique par provinces, les surfaces cultivées en riz, et la production en paddy chaque semestre.

PROVINCES	SUPERFICIES CULTIVÉES EN HECTARES		PRODUCTION EN TONNES	
	1	2	1	2
Thanh-Hoa	70.000	124.900	86.600	138.500
Nghè-An	40.450	86.000	48.000	85.000
Ha-Tinh	47.725	37.770	42.288	30.000
Quang-Binh ...	20.005	21.700	20.000	10.000
Quang-Tri	19.685	13.350	20.500	9.850
Thua-Thiên	26.542	17.790	31.076	20.000
Tourane		157		160
Quang-Nam ...	80.000	70.000	78.000	65.000
Quang-Ngai ...	27.756	23.864	24.593	20.000
Binh-Dinh	70.220	47.400	30.885	40.000
Phu-Yên	11.320	34.400	5.094	34.000
Khanh-Hoa	8.300	8.300	12.500	7.000
Ninh-Thuân ...	6.000	6.000	5.000	5.000
Binh-Thuân ...		17.000		13.000
Kontum		30.000		15.000
Darlac		76.000		30.000
Haut-Donnai ..		7.000		8.000
	427.998	621.631	404.536	530.510

Soit en tout :

1.049.629 hectares ;
935.046 tonnes.

Rendement à l'hectare 890 kg.

Rendement moyen à l'hectare de cinq dernières années (1924-1928) : 1.080 kg.

On voit donc que malgré l'augmentation apparente des surfaces dues à ce que l'on tient compte des pays moïs, la récolte de 1929 est nettement inférieure à la moyenne et pour la surface mise en culture et pour la production totale.

Nord-Annam.

Dans le Nord, qui a lui seul produit près de la moitié du paddy récolté en Annam, les récoltes furent moyennes. La culture du riz du 5° mois favorisée par le crachin s'est accomplie de façon très satisfaisante. Dans le Thanh-Hoa, grâce à une meilleure utilisation des canaux du réseau d'irrigation ou note une augmentation de la surface repiquée en riz.

Mais les récoltes du 8° mois furent diminuées par de nombreux accidents météorologiques ou autres. Dans le Thanh-Hoa, un rupture des digues noya environ trois mille hectares ; dans les régions non protégées par des digues, les inondations causèrent des dégâts. Dans le Nghê-An, des attaques de chenilles sur les jeunes ma d'abord, la sécheresse ensuite, retarda le repiquage des riz du 8° mois ; dans le Ha-Tinh, ce furent surtout ceux du 10° mois qui souffrirent. Plus tard dans le Nghê-An, un typhon détruisit en partie la récolte du 8° mois et se produisant au moment de la floraison des riz du 10° mois, gêna considérablement ces derniers. Par places, les inondations causèrent des dégâts.

Il en fut de même dans le Ha-Tinh, où les pertes causées par les typhons furent très importantes. Il est aussi à signaler que par suite de la sécheresse des derniers mois de cette année, le repiquage des riz du cinquième mois de l'année prochaine a été retardé. Par places, dans le Thanh-Hoa et le Ha-Tinh, des invasions de chenilles ont été signalées sur les riz du 10° mois.

Centre-Annam.

Dans les provinces du centre, les riziculteurs eurent encore beaucoup plus à souffrir les conditions météorologiques. Les deux provinces les plus touchées furent le Quang-Binh et le Quang-Tri ; en avril, le froid et de violentes bourrasques de vent causèrent à la floraison des dégâts dans les rizières du cinquième mois. Dans le Quang-Nam, la sécheresse diminua la récolte mais dans une proportion moindre.

Après ce furent les inondations d'octobre, qui dans le Quang-Binh détruisirent par place entièrement les riz, surtout dans le Lê-Thuy. La perte, de ce fait, fut de moitié environ. Dans le Quang-Tri, les dégâts furent moindres.

Dans le Quang-Nam, la sécheresse persistante empêcha la mise en culture de nombreuses rizières ; dans les autres provinces, les inondations d'octobre causèrent des dégâts.

En résumé, dans le centre Annam, l'année rizicole fut mauvaise. Quelques invasions de chenilles en fin d'année dans le Quang-Binh.

Sud-Annam.

Dans le Sud, les différentes récoltes de riz furent moyennes. En général, la sécheresse de l'année fut cause d'une diminution dans les rendements, mais en beaucoup d'endroits et principalement dans les provinces grosses productrices des pluies tombant à propos empêchèrent la récolte d'être par trop déficitaire.

Dans le Quang-Ngai, la récolte du 3ᵉ mois fut cependant meilleure que dans le Binh-Dinh où la sécheresse fut très prononcée.

Dans les trois provinces de l'extrême-Sud, dont le régime des pluies est le même qu'en Cochinchine, la sécheresse de fin 1928 a été cause d'une forte diminution de la production des riz récoltés au début de l'année (riz du 12ᵉ mois). La sécheresse faillit compromettre totalement la récolte du huitième mois, mais les pluies abondantes d'août et septembre permirent une récolte moyenne. Dans l'extrême-Sud, la récolte de fin d'année s'annonce comme bonne, sauf par places dans le Binh-Thuân.

On signale la pyrale à deux points un peu partout ; et le « tiêm » dans le Binh-Dinh (dépérissement).

Provinces moïs.

Dans les trois provinces moïs, la récolte a été plutôt bonne. Les rizières parurent d'abord médiocres à cause de la sécheresse, puis les pluies survenant, les riz se mirent à végéter normalement ; dans le Darlac, la récolte a été supérieure à celle de l'année dernière, qui fut une des plus mauvaises, et créa une véritable disette.

RIZ

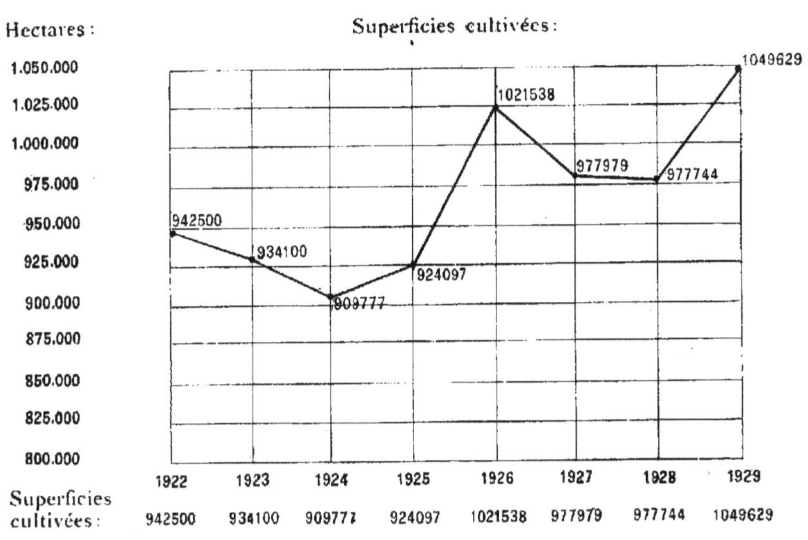

Superficies cultivées :	942500	934100	909777	924097	1021538	977979	977744	1049629

RIZ

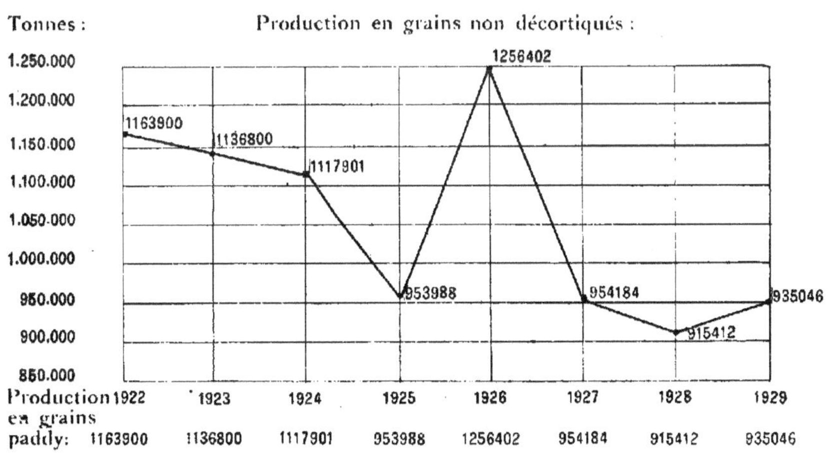

Production en grains paddy :	1163900	1136800	1117901	953988	1256402	954184	915412	935046

Rendement moyen à l'hectare : 890 kg.

Cours du riz blanc :

Mois	Prix du quintal	
	Hué	Quinhon
Janvier	13 $ 00	9 $ 00
Février	12 50	9 00
Mars	13 00	10 50
Avril	12 00	10 41
Mai	12 00	10 35
Juin	11 66	10 50
Juillet	12 50	10 50
Août	13 56	12 50
Septembre	12 93	12 50
Octobre	13 96	12 50
Novembre	12 93	12 70
Décembre	12 66	12 80

Ces cours rendent bien compte de la différence des récoltes dans le centre et le Sud-Annam ; ils font aussi ressortir la faible récolte du second semestre dans le Sud. Les cours très élevés de fin d'année dans cette région limitrophe de la Cochinchine sont peut-être aussi occasionnés par la baisse de la piastre.

Les cours dans le Nord-Annam dépendent trop de ceux du Tonkin, ceux de l'Extrême-Sud, de ceux de Cochinchine, pour donner une indication fidèle de la récolte.

Maïs

Superficie cultivée : moyenne des cinq dernières années (1924-1928) : 46.600 Ha.

Production en grains : moyenne des cinq dernières années (1924-1928) : 52.200 T.

Rendement moyen à l'hectare : 1.100 kg.

Le maïs est cultivé sur les berges des fleuves un peu partout en Annam, mais principalement dans le Nghê-An. On le trouve soit en culture pure, soit plutôt en association avec les doliques ou autres plantes. On en fait trois cultures dans l'année, dont les récoltes se placent vers le mois d'avril, le mois de juillet et le mois de septembre.

Dans le Nord, les rendements furent bons. Dans le centre et le Sud, la première récolte seule fut suffisante : la deuxième fut très diminuée par la sécheresse ; il en fut de même de la troisième.

MAIS.

Hectares :   Superficies cultivées :

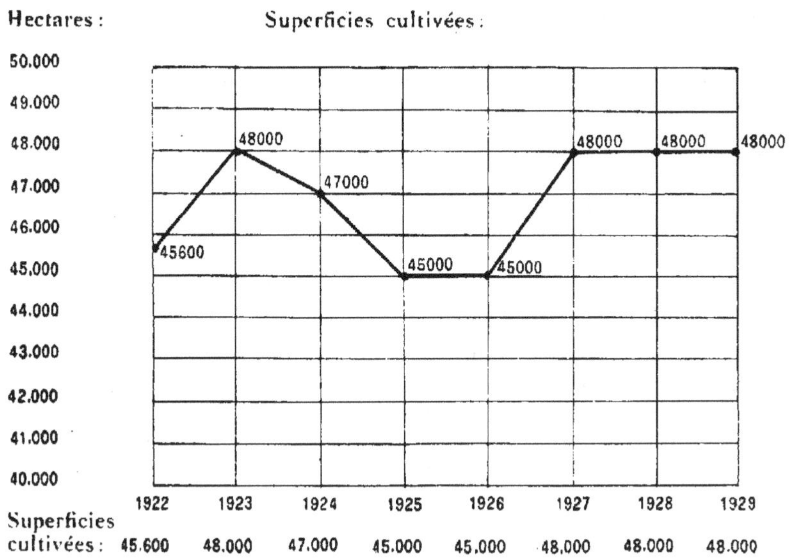

Superficies
cultivées : 45.600   48.000   47.000   45.000   45.000   48.000   48.000   48.000

MAIS.

Tonnes :   Production en grains:

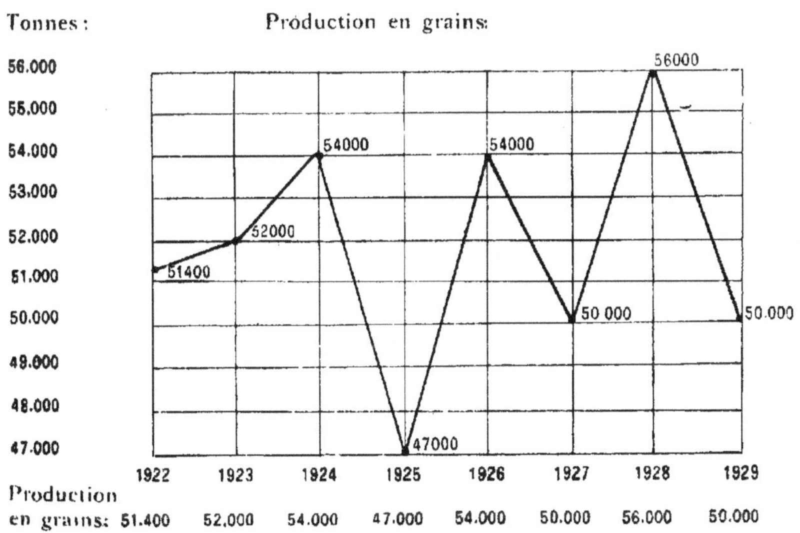

Production
en grains: 51.400   52.000   54.000   47.000   54.000   50.000   56.000   50.000

Rendement moyen à l'hectare en 1929   1050 kg

C'est ce qui ressort des prix pratiqués dans le Binh-Dinh en avril 4 $ 20 le quintal, en juillet 6 $ 40 et en septembre 7 $ 00.

La superficie cultivée cette année fut d'environ 48.000 hectares ; la production de 50.000 **T** ; le rendement de 1.050 kg. par hectare.

CANNE A SUCRE

Superficie cultivée moyenne des cinq dernières années (1924-1928) : 24.400 ha.

Production exprimée en sucre brun des cinq dernières années (1924-1928) : 39.400 T.

soit par hectare 1.600 kg. de sucre.

À cause de la sécheresse de la fin 1928, la production de la canne à sucre pour la récolte 1928-1929 fut moyenne ; mais la richesse en sucre supérieure, grâce à quoi la récolte fut satisfaisante : les rendements même élevés. Dans le Quang-Ngai, on aurait eu jusqu'à 2.000 kg. de sucre noir brut à l'hectare.

Les trois provinces grandes productrices de sucre : Quang-Ngai, Quang-Nam et Binh-Dinh eurent cette année avant le début de la saison des pluies à souffrir de la sécheresse. Si au début, la mise en place des boutures put s'effectuer facilement, on constata par la suite un retard dans la croissance dû à la sécheresse : de ce fait la récolte 1930 sera peut-être inférieure.

Les cours de sucre ont été :

Sucre brun .... 13 $ 40 le quintal.

Sucre blanc 26   70   —

Sucre candi 35   00   —

La superficie plantée en cannes à sucre cette année est évaluée à 26.000 ha

*Surfaces cultivées et Production de la Canne à Sucre et de la Patate en
Annam de 1922 à 1929.*

ANNÉES	CANNE A SUCRE		PATATES	
	Surfaces cultivées (hectares)	Production en sucre brun (tonnes)	Surfaces cultivées (hectares)	Production (tonnes)
1922	24.200	57.000	48.150	103.000
1923	25.000	58.000	53.000	100.000
1924	26.000	54.000	56.000	85.000
1925	27.000	55.000	61.000	97.000
1926	20.000	20.000	66.000	168.000
1927	24.000	36.000	71.000	210.000
1928	25.000	32.000	80.000	160.000
1929	26.000	35.000	85.000	180.000

HARICOTS ET DOLIQUES

Ces légumineuses sont de plus en plus cultivées. On en rencontre surtout dans le Nord-Annam. Une première récolte s'effectue durant le deuxième trimestre.

Dans le Thanh-Hoa, la culture fut un peu endommagée par des pluies diluviennes en mai, dans le Nghê-An, par des chenilles. Le rendement dans cette province fut d'environ 500 kg. de grains à l'hectare. Dans le Ha-Tinh, la récolte fut supérieure à la moyenne.

Dans le centre, la récolte fut aussi satisfaisante. La deuxième récolte dans le Nord et le centre fut moyenne, à peine un peu diminuée par la sécheresse, sauf dans le Quang-Nam, où le rendement fut réduit à 200 kg. à l'hectare.

Dans le Sud, on eut de même une première récolte bonne, et une deuxième médiocre à cause de la sécheresse. Cependant les doliques bulbeux du Phu-Yên donnèrent une bonne récolte.

La surface occupée par ces diverses plantes varie peu, on peut l'évaluer à 20.000 ha. donnant de 300 à 700 kg. de grains à l'hectare, suivant la fertilité des terres.

PATATES

La première récolte a donné partout de très bons résultats, dans le Thua-Thiên, on a même eu des rendements très élevés : 8.000 kg. à l'hectare. Dans le Quang-Ngai, la récolte fut aussi excellente, malgré une attaque des tubercules par les vers.

La deuxième récolte, toujours à cause de la sécheresse, et des inondations qui suivirent un peu partout, fut médiocre. Le rendement dans le Thua-Thiên ne fut que de 1.500 kg. à l'hectare.

L'étendue des champs de patates semble croître chaque année. En 1929, 85.000 ha. furent cultivés en patates, la production totale est évaluée à 180.000 tonnes environ.

Manioc

Le manioc est cultivée en grande quantité pour la fabrication du vermicelle Hô-Tiêu dans le Huyên de Phu-My et de Phu-Cat (Binh-Dinh). Partout ailleurs, on lui réserve les terrains les plus pauvres, sablonneux, qu'on ne peut mettre ni en riz ni en patates, ou des terres élevées impropres à la rizière (terres rouges du Quang-Tri).

Dans le Binh-Dinh, la culture commence en février et se termine en septembre, cette année, la récolte fut bonne surtout pour les maniocs récoltés tardivement, qui eurent moins à souffrir de la sécheresse.

La superficie plantée en manioc varie peu d'une année à l'autre ; on l'évalue à 20.000 ha. donnant environ 50.000 t. de racines.

Arachide

L'arachide est principalement cultivée dans le Sud à partir du Quang-Nam. Dans ces provinces, l'huile est le plus souvent extraite des arachides en des ateliers familiaux par les cultivateurs, comme d'ailleurs pour la fabrication du sucre.

Cette année ainsi que pour toutes les autres plantes les cultures d'arachides eurent à souffrir de la sécheresse. La première récolte d'arachide des quatre saisons, qui s'effectue en avril fut bonne, la deuxième celle d'août fut mauvaise. En fin d'année, la récolte de la variété qui évolue en sept mois fut bonne, des pluies abondantes étant tombées en automne. Finalement pour cette partie de l'Annam, le rendement peut être considéré comme moyen.

Sésame

La culture du sésame est relativement peu étendue en Annam. On en trouve surtout dans le Nghê-An et le Thanh-Hoa : les autres provinces productrices sont ensuite le Binh-Dinh et le Kontum, d'où il est exporté par le port de Qui-Nhon. Même remarque que pour les autres cultures ; la première récolte en avril fut bonne, la deuxième en septembre fut fortement diminuée par la sécheresse. La culture s'étend sur plus de six mille hectares ayant fourni un rendement moyen de 100 kg. de graines à l'hectare.

RICIN

On peut considérer que cette culture a été abandonnée par les cultivateurs annamites.

COCOTIERS

Ce n'est qu'à partir du Quang-Nam que le cultivateur annamite exploite réellement le cocotier, surtout dans les deux provinces de Binh-Dinh et Phu-Yên. L'exploitation porte aussi bien sur le coprah, dont on extrait l'huile en des ateliers familiaux, que sur le coir avec lequel on confectionne des cordages et des sandales. La récolte des noix, qui dure de mai à septembre fut satisfaisante. On côtait à Bông-Son (Binh-Dinh) 3 $ 50 les cent noix, soit un prix inférieur à celui de l'année dernière.

La superficie ne varie pas, la production est meilleure que celle de 1928.

COTONNIER

Cette plante se cultive surtout dans le Thanh-Hoa, dans le Phu-Yên et le Binh-Thuân. Partout ailleurs surtout dans le centre et le Sud-Annam, on trouve des cotonniers en mélange avec le maïs, sur les bords des rivières. Semé en janvier, sa récolte se place en juin, juillet pour le Thanh-Hoa et le Phu-Yên, et en décembre et janvier dans le Binh-Thuân. La végétation et la récolte furent bonnes dans le Nord, le centre et le Binh-Thuân, et médiocres dans le Phu-Yên par suite de la sécheresse. Dans le Thanh-Hoa, à la récolte, des orages causèrent des dégâts.

On évalue la surface ensemencée en coton, cette année, à 7.000 ha., dont 6.000 pour le Thanh-Hoa. Le rendement moyen fut atteint : soit 120 kg. de fibres à l'hectare. Le Thanh-Hoa a exporté 800 tonnes de coton égrené en 1929.

JUTE

Le jute n'est cultivé que dans le Nord-Annam, soit en métayage par quelques colons européens du Ha-Tinh, soit dans la partie Sud du Phu-Qui.

Cette année, la production fut très diminuée par de mauvaises conditions météorologiques. D'abord en mai des inondations ravagèrent les terrains cultivés en jute ; après, une forte sécheresse poussa les plants à donner des branches, ce qui diminua la proportion des fibres. Ensuite, des inondations en septembre détruisirent les radeaux de jute en rouissage.

À cause des difficultés du rouissage en rivière, cette culture ne semble pas appeler à un grand avenir. Il faudrait pouvoir effectuer le rouissage en cuves, ainsi que le propose le Chef de la Station de Cao-Trai.

Ramie

Cette plante est cultivée sur des rays dans le Nghệ-An, dans le Phu-Yên, et un peu partout dans la région montagneuse. Cette année, on évalue à deux cents hectares la surface cultivée en ramie dans le Nghệ-An, on pratique plusieurs coupes dans l'année. Les prix varient entre 54 et 50 $ 00 le quintal de fibres.

Mûrier

Au début de l'année, le temps étant favorable, la production de feuilles fut abondante et permit aux premiers élevages de vers à soie de prospérer. Cependant dans le Nord et le Centre la température relativement froide du mois de mars arrêta la pousse des feuilles et causa des pertes dans les élevages en cours. Dans le Sud-Annam, dès le mois d'avril, la sécheresse commença à faire sentir ses effets et la production des feuilles baissa ; les mûriers eurent de plus à souffrir de quelques attaques de fumagine. Dans l'été, la sécheresse fit sentir ses effets partout, sauf dans les trois provinces du Nord, et les élevages furent peu nombreux. En septembre, grâce aux pluies, la pousse des feuilles redevint normale dans le Sud et le centre, et les élevages purent reprendre. Dans le Nord au contraire, les mûriers plantés sur les berges des fleuves souffrirent des inondations, il en fut de même dans le Sud à partir d'octobre.

En résumé au point de vue mûrier, année plutôt mauvaise.

Tabac

Cette plante ne se cultive que pour la consommation locale, et en petite quantité. Cependant dans le Quang-Tri (région de Cam-Lô), dans le Quang-Nam, on trouve de grands champs d'un tabac qui est réputé et s'exporte dans les autres provinces de l'Annam. Le ramassage des feuilles est échelonnée en mars à juillet ; si la récolte fut abondante au début, à cause de la sécheresse, elle fut mauvaise à la fin.

Dans les provinces moïs et dans l'extrème Sud la récolte, seulement pour les besoins familiaux, fut bonne.

La surface cultivée en tabac dépasse trois mille hectares.

Aréquiers

L'aréquier est cultivé dans tous les jardins, qui entourent les maisons, en Annam. Mais quelques provinces seulement exportent des noix d'arec sèches, et même à l'époque de la récolte (automne et hiver) fraîches. Ce sont dans le Ha-Tinh, la vallée du Huong-Khê, où la maladie des aréquiers semble en décroissance, et où un procédé de lutte efficace (simple enrichissement du sol) a été mis au point, (malheureusement peu d'indigènes l'emploient) la vallée de Minh-Cam dans le Quang-Binh, le Thua-Thiên, et tout le Sud-Annam.

Dans le centre, la maladie commence à se faire sentir ; le dépérissement des arbres, et de ce fait, la production a été moindre que les années précédentes, mais la diminution ainsi causée est encore faible. Dans tout le Sud, la sécheresse fit aussi sentir ses effets, mais les pluies survenues bien avant le début de la récolte permirent une récolte satisfaisante. Dans le Nord, les typhons ont commis de nombreux dégâts dans les plantations.

Théiers

Les théiers ne sont cultivés par les indigènes que dans le Nord et le Centre. Dans le Quang-Ngai et le Binh-Dinh quelques rares villages ont des plantations de thé. Dans le Nghê-An, le Quang-Tri et le Quang-Nam au contraire, la production est suffisante pour permettre à des factoreries rudimentaires, de produire un thé de qualité inférieure, il est vrai, mais en quantité suffisante pour permettre une exportation. Cette culture cependant, ne semble pas s'étendre énormément chez les indigènes. La récolte des feuilles a été bonne, sauf durant les mois de sécheresse dans le centre Annam, où elle fut faible.

CAFÉIERS

Le caféier est peu cultivé par les indigènes, sauf en de rares points comme sur les terres rouges du Quang-Tri. La culture des caféiers est surtout pratiquée par les colons européens. Dans le Nord-Annam, en janvier, fin de la récolte des arabica. La floraison des arabica dans le Nord, le centre et le Sud fut abondante et se poursuivit durant tout l'hiver et le printemps, sans coulure, mais la sécheresse de l'été gêna la croissance des cerises. La récolte, en général, fut faible, la sécheresse étant cause que certains grains sont mal formés ou vides. La maturité eut lieu en avance sur l'époque normale, dans le Nord-Annam. Dans cette région, les dégâts causés par les typhons successifs sont assez importants. Dans le centre (Quang-Tri) la récolte fut normale.

CANNELIERS

La cannelle est produite dans les provinces de Quang-Tri, Quang-Nam et Quang-Ngai ; la deuxième surtout en produit de grosses quantités, qui sont exportées sur la Chine. Cette année, l'écorçage dans cette province donna de bons résultats, on évalue à 100 kg. d'écorce le rendement d'un hectare de jardins à canneliers. L'écorce valant de 20 à 40 $ 00 les 100 kg.

L'exportation a dépassé 800 t. cette année.

CULTURES SECONDAIRES

On trouve encore de nombreuses autres plantes cultivées en Annam ; surtout des arbres fruitiers et des plantes potagères.

Le *bananier* est de toutes ces plantes la plus répandue, on le trouve partout dans les jardins en compagnie de l'aréquier, du jacquier, et parfois de l'*ananas*.

On peut encore signaler dans le Nghê-An, les *orangers* de Vinh ; les *pamplemoussiers* autour de Huê ; les *manguiers* de Phan-Thiêt et de Binh-Dinh.

Les *cultures potagères* européennes dans le Nord et le centre de l'Annam, dans la région de Dalat et de Dran pour la vente à Saïgon, ont pris autant d'importance qu'au Tonkin.

Les *légumes indigènes* (arrow-root, amorphophallus, navets), sont aussi très cultivés.

Le *kapok*, un peu partout, mais surtout dans le Khanh-Hoa.

Le *bétel*, dans le Thanh-Hoa, le Phu-Yên et les régions moïs, qui l'exportent vers la côte.

L'*indigo* dans le Quang-Nam, le Binh-Dinh.

Le *poivre* dans les terres rouges du Quang-Tri.

On peut noter encore, particulier au Nghê-An, le *cu-nâu*, le *stick-lac*, dont la production se maintient.

AVICULTURE

Les élevages de poules sont nombreux en Annam, chaque cultivateur en possède. Mais ces dernières, comme les œufs, ne sont utilisées que pour la consommation locale. Il n'en est pas de même pour l'élevage des canards, qui sont élevés par immenses troupeaux dans les rizières, surtout dans le Centre et le Sud-Annam. Les produits sont presque tous exportés sur la Chine : canards séchés, salés ou fumés, œufs salés. Ces derniers constituent la principale exportation en poids du port de Fai-Foo.

Une usine à Hué et une autre à Qui-Nhon utilisent aussi des œufs de canes pour l'extraction de l'albumine et des jaunes.

L'usine de Hué a été, cette année, entièrement transformée ; actuellement on y obtient les jaunes et l'albumine en poudre, au lieu des jaunes salés et de l'albumine simple séché.

*
* *

AGRICULTURE EUROPEENNE

Ainsi que nous le constations déjà l'année précédente le nombre des demandes de concessions a encore diminué au cours de 1929. L'engouement pour les terres rouges s'est entièrement reporté sur les affaires de mines.

Seules les sociétés normalement organisées ont continué à mettre leurs terrains en valeur, et après des vicissitudes dues en grande partie à une connaissance insuffisante du pays, commencent à voir leurs efforts couronnés de succès.

La défaveur dont jouissent à l'heure actuelle les affaires coloniales et en particulier les affaires de plantation, gêne les entreprises intéressantes au point de vue financier et empêche les particuliers de mettre en société des concessions présentant une réelle valeur.

Le tableau suivant indique par province et pour 1929 les superficies de terrains demandés en concessions provisoires acquis par baux ou marchés de gré à gré et le deuxième, le total des terrains accordés jusqu'à ce jour.

MOUVEMENT DE LA COLONISATION

Concessions demandées, baux et achats de gré à gré survenues en 1929.

Thanh-Hoa	493
Nghê-An	621,81
Ha-Tinh	960,00
Quang-Tri	271,81
Quang-Nam	80,12
Phu-Yên	275,00
Ninh-Thuân	163,50
Kontum	535,00
Darlac	1.874,00 (1)
	5.274 ha. 24

Etat de la colonisation européenne au 31 décembre 1929.

PROVINCES	PARTICULIERS			SOCIÉTÉS		
	Provisoires	Définitives	En culture	Provisoires	Définitives	En culture
Thanh-Hoa	5.909	4.579	1.300	4.620	2.286	3.000
Nghê-An	8.155	2.962	2.550	5.251	295	650
Ha-Tinh	1.449	787	2.400	425	426	300
Quang-Binh	328	141	141	0	0	0
Quang-Tri	4.985	1.893	1.500	0	0	0
Thua Thiên	818	432	234	0	0	0
Quang-Nam	1.558	1.047	600	429	265	438
Quang-Ngai	729	602	291	0	0	0
Binh-Dinh	1.965	1.396	86	1.000	1.000	60
Phu-Yên	300	0	1	0	215	50
Khanh-Hoa	8.229	664	100	2.800	1.591	1.200
Ninh-Thuân	2.367	373	1.424	15.052	5.045	3.880
Binh-Thuân	3.612	1.006	980	300	300	240
Kontum	7.386	144	300	15.516	2.494	2.350
Darlac	3.660	0	30	33.579	0	2.638
Haut-Donnai	11.343	1.534	500	15.649	1.272	2.000
Totaux	62.760	17.560	12.887	94.620	15.189	16.806

1 Baux emphytéotiques. En outre des baux atteignant une superficie de 37.239 hectares passés antérieurement ont été approuvés en 1929.

Les superficies demandées en concession provisoire, par marché de gré à gré ou par baux emphytéotiques en 1929 s'élèvent à 5.274 hectares 24 contre 31.184 hectares en 1928 et 283.127 hectares en 1927.

La comparaison de ces chiffres permet de mesurer l'importance du mouvement qui a poussé les capitaux à se porter à partir de 1926, vers les plantations et le revirement qui s'est produit depuis.

Thanh-Hoa. — Dans cette province, à part une société qui est fixée aux environs de Yên-Dinh au Nord-Ouest, la culture européenne s'est portée sur des régions bien distinctes : une au Sud-Ouest englobant le Phu de Tho-Xuân et le Châu de Nhu-Xuan, et au Nord dans les circonscriptions de Hà-Trung et de Câm-Thuy.

La majeure partie des terrains occupés par le caféier, qui reste encore la principale culture pratiquée par les concessionnaires, est d'origine alluvionnaire ancienne. Néanmoins 2.000 ha. sont sur terres rouges dans la région de Yên-My.

Les principales cultures sont les suivantes :

Café	1.500 ha.
Riz	650 —
Styrac benjoin	60 —
Aréquiers	40 —
Essences	50 —
Pâturages	1.500 —
Divers	500 —
Soit au total	4.300 ha.

Province de Nghê-An. — Les excellentes terres de la région de Phu-Qui ont attiré la colonisation européenne qui, dans cette province, a mis en valeur 3.200 hectares répartis comme suit :

Café	700 ha.
Riz	715 —
Jute	200 —
Maïs	510 —
Haricots	275 —
Sésame	54 —
Aréquiers	26 —
Pâturages	500 —
Divers	220 —

Le caféier semble devoir, avec raison, s'y développer rapidement. Les terres rouges destinées à cette culture portent encore de la grande forêt et jouissent d'un climat assez régulier tant au point de vue chaleur que répartition des pluies

Province de Ha-Tinh. — Cette province possède également quelques plantations importantes situées dans le Huong-Khê. On y note 2.700 hectares mis en valeur par les européens. Les principales cultures sont les suivantes :

Café	600 ha.
Riz	650 —
Jute	200 —
Maïs	80 —
Pâturages	1.000 —
Divers	170 —

Il y a été fait de très intéressants essais de jute. Cette plante textile donnerait d'excellents bénéfices, mais sa culture se limitant aux terrains alluvionnaires inondés périodiquement le long des rivières parait limitée. De plus le rouissage est une des principales causes qui nuisent à son développement.

Province de Quang-Binh. — Dans le Quang-Binh, la colonisation reste stationnaire. 2 concessions existent l'une de 135 ha et l'autre de six.

Province de Quang-Tri. — Dans cette province, la colonisation s'est portée le plus souvent sur les taches de terres rouges qui depuis les environs de Lao-Bao, en passant par Lang-Khoai, Maï-Lan viennent aboutir jusqu'à la mer à Cua-Tung. Ces terres pour la culture du caféier et du théier sont des plus belles et des mieux placées d'Annam. Portant souvent de la grande forêt et par conséquent riches en humus, profitant de la saison des pluies du Laos et de celle de l'Annam, les sécheresses y sont atténuées malgré le vent du Laos qui souffle pendant les mois d'été. Quelques concessions à partir de Lang-Khoai sont étagées entre 300 et 400 m. d'altitude améliorant ainsi les conditions d'habitat de l'arabica sans néanmoins exclure le Chari. Cette considération pourrait avoir aussi son importance si un jour on se décidait à y introduire la culture du théier. À notre avis, cette plante doit y prospérer d'une façon remarquable : terres profondes, riches en humus, humidité et chaleur presque constante, altitude, toutes les conditions sont réunies pour la production abondante d'un thé de bonne qualité. Malheureusement le peu d'étendue des taches d'origine basaltique en limiterait l'extension.

Jusqu'ici l'arabica et le chari sont les seules cultures de la région. L'arabica y prospère d'une façon remarquable, mais son développement a été gêné par un borer de la famille des longicornes dont l'attaque un peu spéciale tout en ralentissant la végétation de l'arbuste n'arrive pas à le tuer. La larve de cet insecte creuse des galeries entre l'écorce et l'aubier. La plante jaunit, perd une partie de ses feuilles, mais un an après le départ de l'insecte parfait un bourelet cicatriciel s'est reformé et le caféier reprend son état normal.

Pour lutter contre cet ennemi nous avons préconisé un léger ombrage des jardins avec leucoena glauca, ayant remarqué que les caféiers abrités ont plus bel aspect et sont moins attaqués sous cette essence. L'emploi des sels de potasse qui durcit le bois et les écorces a été également conseillé. Enfin des essais de badigeonnage des troncs par bouillies arsénicales ont été commencés sous notre direction.

Le Chari n'est presque pas attaqué par cette larve, nous avons donc engagé les planteurs de cette région à développer cette culture plutôt que celle de l'arabica.

On distingue dans le Quang-Tri deux centres importants de colonisation :

1°) le long de la route coloniale n° 9 entre Lao-Bao et Maï-Lan. La région immédiate de Lao-Bao est en terre grise et subit le climat du Laos, elle est donc moins favorisée. En se rapprochant de Khe-Sanh les terres rouges apparaissent et la saison du Laos commence à être atténuée par la saison des pluies de l'Annam. A Lang-Khoai toujours en terre rouge les deux climats chevauchent et la saison sèche du Laos ne fait plus sentir ses effets. Au fur et à mesure qu'on s'éloigne du col de Lang-Khoai le climat de l'Annam se fait sentir de plus en plus ;

2°) Dans les régions de Vinh-Linh et de Gio-Linh partie en terre rouge et partie en terre grise. Ce deuxième centre est moins important que le premier. On y trouve deux petites usines pour la préparation du thé.

Au 31 décembre 1929, on comptait dans la province 4.985 hectares en concessions provisoires et 1.893 hectares en concessions définitives, dont 1.500 hectares mis en culture comprenant 400 hectares de caféiers et le reste en cultures indigènes.

Province de Thua-Thiên. — La colonisation européenne y est à peu près inexistante. 432 hectares ont été concédés, mais la plupart des concessions ont été abandonnées.

Province de Quang-Nam. — La culture du thé y est la plus importante, elle se développe spécialement dans les deux centres suivants :

1° Entre Tran-My et Tam-Ky dans la région de Duc-Phu une Société française a commencé ses plantations depuis 1925.

Celles-ci comportent 160 ha. de jardins de théiers âgés de cinq à trois ans. Courant mars, on a commencé la première cueillette. Cette cueillette a été préparée par deux tailles : un récépage à 10 cm., puis une taille de préparation donnant à l'arbuste la forme d'une coupe.

Les jardins sont ombragés par des albizzia falcata. Ces arbres ont pris un fort développement, actuellement on en fait disparaître une partie pour obtenir un ombrage moyen plutôt faible, les arbres sont espacés à huit mètres. Des légumineuses de couverture : crotalaires principalement, ont été semées. En attendant qu'elles couvrent le terrain, on pratique le *selectedweeding* (choix des plantes adventives) en dégageant cependant largement les arbustes. Par des binages répétés, on compte empêcher la dessiccation du sous-sol. La sécheresse en été est très forte dans cette région, on craint que les plantes de couverture dessèchent plus la terre que l'exposition directe au soleil.

Des petites cueillettes d'essai ont déjà eu lieu, on a obtenu un thé d'un parfum agréable contenant de nombreuses pointes blanches : les théiers sont des *assam*, les graines venant de Java. Avec le thé indigène on a préparé l'année dernière plusieurs dizaines de tonnes, on obtient peu de pointes blanches et les feuilles rouges sont nombreuses. Il ressort de cette constatation, que si l'on désire produire du thé pour l'exportation, goût européen, il faut s'adresser à d'autres variétés qu'à celles de l'Annam qui ont de plus l'inconvénient d'avoir des feuilles moins souples, plus difficiles à rouler.

L'usine à thé comprend des salles de flétrissage de construction provisoire, couverture en paillotes. La feuille est flétrie sur les paniers en bambou, cette opération dure 2 jours. Après roulage pendant une demi-heure (Rouleau Marshall traitant 120 kg. de feuilles par opération), passage au roll-Braker, les feuilles insuffisamment enroulées repassent à un rouleau Marshall plus petit (100 kg.). La fermentation dure 3 à 4 heures. Le séchage est effectué par un « Paragon » pouvant produire 150 kilog. de thé sec à l'heure. Triage en six sortes par un assortisseur et à la main.

L'usine est montée pour pouvoir produire 400 T. de thé sec par an. L'année dernière elle n'a produit que 60 T. avec des feuilles vendues par les indigènes. Cette année en plus de cette production, on compte produire une quantité égale de thé récolté sur la plantation : on cueillera à trois feuilles

Egalement installée près de Duc-Phu une petite plantation de théiers indigènes.

A signaler aussi dans cette région une autre usine moderne pour la préparation de feuilles de thé indigène.

2°) Dans le Huyên de Hoà-Vang entre la montagne de Bana et Tourane deux autres sociétés françaises sans se livrer à la culture ont installé des usines de traitement des feuilles indigènes. L'emballage et le triage d'une partie de ces produits se fait à Tourane.

Tous ces établissements ont une machinerie moderne et bien appropriée, mais les opérations pourtant primordiales du flétrissage et de la fermentation s'y font par des moyens encore rudimentaires. C'est en partie à ces faits qu'il faut attribuer la dépréciation subie en Europe par les thés d'Annam.

Dans le Quang-Nam, les superficies accordées à titre provisoire s'élèvent à 1.987 ha. et les concessions à titre définitif à 1.312 ha. La superficie totale cultivée est de 1.038 ha., dont 400 ha. en théiers et le reste en cultures indigènes.

Province de Quang-Ngai. — Une seule concession européenne. Ces terrains cultivés en partie en hévéas sont à l'heure actuelle à peu près abandonnés par le bénéficiaire.

Province de Binh-Dinh. — Dans cette province, 2.996 ha. ont été accordés à titre définitif ; 2.965 ha. à titre provisoire et la procédure est en cours pour une demande de 958 ha. Une centaine d'hectares sont cultivés dont 80 en hévéa. Les rendements en caoutchouc sont assez faibles.

Province de Phu-Yên. — La plupart des demandes faites en 1927 et 1928 sur le réseau irrigable de Phu-Yên ont été abandonnées. Une demande d'une superficie approximative de 300 ha. a seule été poursuivie.

Une Société sucrière achète des terrains aux indigènes. Le Directeur a éprouvé quelques difficultés pour la location des terrains communaux, la législation actuelle ne prévoyant que des baux de 3 ans. A l'heure actuelle cette affaire possède 215 ha. Elle irrigue ses premières plantations par ses propres moyens mais ces terrains pourront profiter de la mise en eau du système d'irrigation du Sông-Da-Giang. Lorsque le plein développement de la Société sera atteint, on espère pouvoir disposer de 700 ha. de terrains achetés ou loués. Au cours de 1928 et 1929, il a été procédé à diverses installations et surtout à des éliminations méthodiques sur les différentes variétés de cannes introduites de Java ou de Cochinchine. Sur une quinzaine de variétés étudiées cinq ou six ont été retenues. En

1930, 50 ha. vont être plantés par boutures tiges et de têtes. La plantation se fait par tranchées. On escompte 80 à 90 T. de cannes à l'hectare. L'analyse mensuelle des jus, pour déterminer la meilleure époque de coupe, a décélé de 10 à 15 % de sacharose. On peut donc espérer une moyenne de production de 10 T. de sucre à l'hectare. L'assolement prévu sera de 2 ans en cannes et 1 an en rizières. La main-d'œuvre se trouve facilement et à un prix raisonnable. Par la compétence et l'esprit de suite avec lesquels cette affaire a été menée, il semble qu'elle doive réussir.

Province de Khanh-Hoa. — Dans cette province 11.029 ha. ont été concédés à titre provisoire et 2.255 ha. à titre définitif dont 600 ha. sont en culture. On y trouve 500 ha. d'hévéa et 100 d'eloeis.

Il est difficile de donner un chiffre exact de la production du caoutchouc dans cette province, une bonne partie s'écoulant par le chemin de fer vers Saigon. On estime néanmoins qu'il aurait été exporté en 1929 86 T. de crêpes. Les colons ne semblent pas découragés pour la crise actuelle et ils attendent beaucoup du nouveau Statut Anglo-Hollandais sur cette question.

Province de Ninh-Thuan. — Il a été accordé dans cette province 17.419 hectares à titre provisoire et 5.778 ha. à titre définitif, 5.304 ha. sont cultivés la majeure partie en riz. La Société des Agaves continue à produire normalement et étend même ses cultures. La superficie plantée en agave à l'heure actuelle est d'environ 1.000 ha.

A signaler une plantation d'hévéas qui vient d'être créée, et l'extension d'une plantation de cocotiers.

Province de Binh-Thuan. — Les superficies concédées sont de 3.912 ha. à titre provisoire et 1.036 ha. à titre définitif dont 1.220 en culture. Les hévéas comptent pour 330 hectares et la plus grande partie du reste est cultivée en rizières.

Province de Kontum. — L'énorme effort fourni dans cette province entre 1926 et 1928 s'est considérablement ralenti en 1929. La plupart des grosses sociétés arrivant au bout de leurs capitaux diminuent progressivement leurs extensions et se contentent d'entretenir, d'ailleurs parfaitement, les superficies déjà mises en valeur.

Quelques petites et moyennes sociétés n'ont pu tenir jusqu'au bout et se sont vues obligées de fermer leurs plantations, ou comme elles l'annoncent à leurs conseils d'administration de les mettre en « veilleuse ».

Une seule par des prodiges d'économie et de prudence est arrivée au bout et vient de se constituer, malgré le marasme financier actuel, en société anonyme au capital de plusieurs millions. Cet argent frais va lui permettre de repartir sur de nouvelles bases, d'améliorer le travail déjà fait et de pousser ses nouveaux défrichements.

En résumé, cette zone de colonisation subit une crise assez aiguë. A quoi faut-il l'attribuer ? Il est assez délicat d'y répondre. Il existe des causes tenant au pays lui-même : sécheresse prolongée de l'hivernage, richesse relative des terres, connaissance insuffisante d'une région neuve. Ce ne sont pas là des causes insurmontables et dès maintenant on en connaît les remèdes.

Il faut bien dire, les échecs ou les demi-succès enregistrés tiennent pour la plupart à une mauvaise gestion des affaires qui ont périclité. Certains directeurs ou planteurs ne se sont pas toujours montrés à la hauteur de leur tâche.

Par ailleurs, des directeurs compétents ont été gênés par les ordres contradictoires reçus de leurs conseils d'administration. D'autres qui auraient pu faire des plantations remarquables se sont trouvés handicapés par leurs faibles moyens financiers.

La situation n'est cependant pas aussi sombre qu'on voudrait le laisser croire. L'expérience acquise au cours de ces 4 années d'installation et de tatonnements permettra avec beaucoup de prudence et d'esprit de suite de surmonter cette crise passagère.

Nous allons examiner les différentes cultures du plateau et indiquer les moyens à mettre en œuvre pour les mener à bien.

a) *Caféier.* — 12 sociétés ou colons se livrent à cette culture. Fin 1928, 2 ont été obligées d'abandonner. Fin 1929, 2 autres ont été mises au ralenti. Un groupe de quelques plantations semblent en bonne voie. Trois colons et missionnaires installés depuis peu avec de faibles moyens sont arrivés à de beaux résultats. Une petite plantation âgée d'une dizaine d'années et sous un fort ombrage, placé il est vrai dans une situation un peu exceptionnelle, donne plus d'une tonne de café marchand à l'hectare.

Le tableau suivant résume la situation de la culture de caféier.

	EN RAPPORT	DE 1 A 4 ANS cultivés	DE 1 A 4 ANS abandonnés ou sociétés au ralenti	TOTAUX
Superficies en caféiers ..	20	584	350	954 Ha

Pour réussir la culture du caféier sur le plateau de **Plei-Ku**, il est d'abord nécessaire de régénérer le sol, de créer de l'ombrage et des coupe-vents, et ce n'est que quand ces conditions sont remplies que la mise en place des jeunes caféiers est possible.

La meilleure façon de procéder est la suivante : Défrichement complet du terrain pendant la saison sèche. Incinération sur place des végétaux arrachés et mis en andins. Epandage de la cendre sur le terrain afin de lui rendre la potasse exportée. Labours croisés au tracteur ou à la charrue à traction animale pour aérer le sol et finir de détruire les mauvaises herbes. Couverture du sol par des cultures de légumineuses dès le début de la saison des pluies, calopogonium ou mimosa invisa.

Semis à la même époque d'arbres d'ombrage et de coupe-vents. Les meilleurs semblent être le cassia siamea et l'albizia falcata.

Le tableau ci-après indique le dispositif à employer :

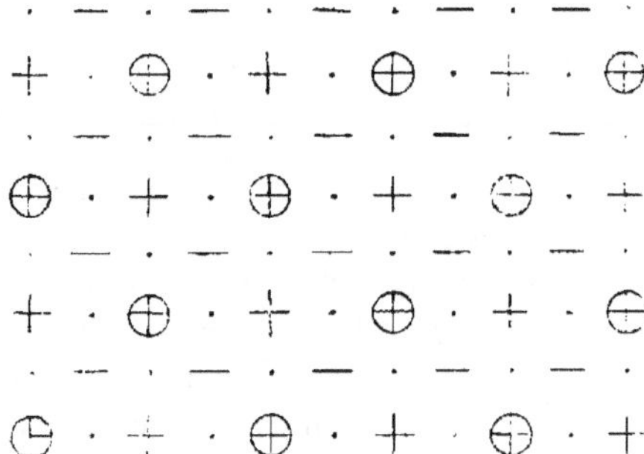

· Caféiers espacés de 3 m. × 3 m. ;

— Albizia falcata arrachés à 3 ou 4 ans ;

+ Cassia Siamea enlevés au bout de quelques années ;

⊕ Cassia Siamea gardés.

On arrive à la troisième ou quatrième année de plantation à avoir un ombrage formé de Cassia Siamea à espacements de 6 × 6. Tous les 36 mètres et perpendiculairement aux vents dominants conserver une ligne complète de Cassia Siamea qui servira de coupe-vents.

Créer en même temps de vastes pépinières d'arbres qui serviront à remplacer les manquants dans les plantations et aux extensions de culture qui suivront.

Pendant cette première saison des pluies plusieurs sarclages seront nécessaires aux légumineuses, et un léger apport de sel de potasse aux jeunes arbres pour activer leur végétation. Au cours de la saison sèche qui suivra, on laissera les légumineuses se dessécher, sur place. Un labour et un hersage du terrain seront utiles. Dans les deux cas les légumineuses se réensemenceront d'elles-mêmes ou repartiront du pied. A la deuxième saison des pluies on facilitera la pousse des engrais verts par des binages et sarclages afin de détruire la végétation spontanée. Les arbres d'ombrage morts seront remplacés par des plants pris en pépinière. Dès le début de la deuxième saison sèche on détruira les calopogonium ou mimosa afin de les empêcher de grainer, et on les enterra si possible par des labours. Ensuite on pratiquera la trouaison pour la plantation des jeunes caféiers au début de la saison des pluies qui suivra la troisième saison sèche.

Il est nécessaire que les plants de caféiers aient 18 mois de pépinière. La mise en place soit par stumps ou avec mottes peut être employée. Quelle est la meilleure méthode ? Les deux ont des avantages et des inconvénients, l'avenir les départagera.

Il est à prévoir que les plantations de caféiers nécessiteront des apports d'engrais, ce sera au planteur de voir quand ils seront nécessaires, mais d'ores et déjà il semble que la constitution de troupeaux pour la production du fumier s'impose.

La transplantation se fera tôt dès que les pluies sont établies afin que les sujets soient bien enracinés en octobre suivant. On sèmera dans chaque interligne une rangée de crotalaires, usaramoensis ou anagyroïdes. Les soins d'entretien ordinaires, binage, sarclages ne devront pas être négligés et il faudra faire disparaître le calopogonium ou le mimosa invisa qui germeront encore, leur présence étant gênante sur une plantation établie. Au début de la saison sèche qui suivra, on taillera les crotalaires ou même on les supprimera entièrement afin de diminuer l'évaporation.

Pépinières. — Elles doivent être solidement construites pour pouvoir durer deux ans au minimum, couvertes et fermées en saison sèche, la toiture dégarnie et les côtés enlevés en saison pluvieuse. Le terrain bien défoncé ayant reçu une forte fumure organique sera mis en planches et paillé après le semis.

La seule variété de caféier qui semble actuellement à retenir est l'arabica, surtout celui du Kontum déjà acclimaté dans le pays. Les graines stratifiées au préalable seront semées à écartement de 0,25 × 0,25 pour que les caféiers puissent vivre 18 mois côte à côte sans se gêner. On évitera ainsi le repiquage, dispendieux et mauvais. Des binages fréquents seront donnés au cours de la végétation, de même que de légères fumures azotées et potassiques aux sujets retardataires.

Pendant la saison sèche des arrosages seront souvent nécessaires, mais ne devront pas être exagérés afin de ne pas favoriser le développement du chevelu au détriment du pivot ; ils seront inutiles en saison pluvieuse.

b) *Théier.* — Trois grosses sociétés ont fait des plantations de thé. Deux vont récolter en 1930. La 3ᵉ, par suite d'un mauvais départ, se contente d'entretenir ce qui est déjà fait et n'a pu monter son usine. La superficie occupée par les théiers est de 1.517 ha. En ce qui concerne les méthodes culturales on est dès maintenant fixé sur les variétés de théiers à cultiver Les thés indigènes donnent des produits de qualité inférieure tout en ayant une assez bonne végétation. Les semences sélectionnées de Java, venues à grands frais n'ont conduit qu'à des échecs. Seules les différentes variétés de théiers d'Assam par leur résistance à la sécheresse ont pu végéter normalement. Les questions de défrichement et de pépinière, voisines des méthodes employées pour l'arabica, sont aujourd'hui résolues. Les écartements ne sont pas encore fixés, on a tendance à préférer les grands écartements qui ont l'avantage de diminuer l'évaporation du sol. Par contre, la faible densité du peuplement diminuera d'une façon certaine les rendements.

Les choix des engrais verts est encore dans une période de tâtonnement, on semble préférer, dans la plantation établie, les crotalaires (surtout C. usaramoensis) qui sont moins envahissants.

Pour l'ombrage, qui doit être plus léger que pour le caféier, il demande une surveillance constante tant au point de vue évaporation que maladies cryptogamiques ou parasitaires. Albizzia falcata a été le plus employé jusqu'ici, mais a donné pas mal de déboires. On paraît maintenant lui préférer Cassia Siamea. C'est une erreur, à notre avis. Si cette essence présente des avantages pour le caféier, son ombrage dense ne paraît pas adapté au théier. Des essais de Derris microphylla, d'Erythrina lythosperma ont été faits. Les résultats ne sont pas encore connus.

Les méthodes de taille du moins pour la première formation de la charpente sont presque au point. Elles comprennent un 1ᵉʳ récépage vers 3 ans à 0 m. 15 du sol et l'année suivante une taille pour la formation de la table. Les tailles ont fortement amélioré la qualité de la feuille.

La cueillette et l'usinage vont être étudiés en 1930 dans les 2 usines construites. On pourra également se rendre compte du matériel à choisir.

La culture du thé semble bien partie à Plei-Ku, il reste à savoir si le rapport que l'on retirera de ces plantations, tenant compte des frais élevés de 1ᵉʳ établissement, des 4 ou 5 mois de saison sèche qui arrêteront le travail de l'usine, sera rémunérateur.

Signalons qu'une concession placée sur terre grise aux environs d'An-Khê produit quelques tonnes de caoutchouc, et de café, et qu'une autre société avait en 1927 sur terre rouge planté, d'une façon extensive il est vrai et surtout comme ombrage et coupe-vents pour le caféier, 1.000 ha. avec des stumps d'hévéa provenant de Cochinchine. L'essai mal conduit n'a pas permis de se rendre compte de la végétation de la plante qui a été immédiatement étouffée par la végétation adventive.

Province du Darlac. — Dans cette province, la colonisation européenne se livre également à la culture du thé et du café en y ajoutant l'hévéa et un peu de canne à sucre.

Les superficies occupées par ces cultures sont les suivantes :

Caféiers	1.171 ha.
Théiers	809 —
Hévéa	658 —
Canne à sucre	?
au total	2.638 ha.

Bien que pas mal d'erreurs commises précédemment au Kontum aient été reproduites au Darlac, cette province a néanmoins profité en partie de l'expérience acquise sur les terres rouges voisines. Toutes les observations faites au Kontum sur les théiers et les caféiers peuvent être répétées pour le Darlac avec les correctifs suivants :

1°) pluies moins abondantes au Darlac, mais mieux réparties ;

2°) fertilité plus grande des sols par suite de la présence plus fréquente de la grande forêt ;

3°) chaleur plus grande par suite de l'altitude et de la latitude plus basses.

Pour ces raisons la croissance des végétaux y paraît plus rapide. Par contre, les maladies cryptogamiques semblent devoir se propager plus facilement.

En ce qui concerne l'hévéa, si les sols paraissent appropriés à cette culture et le climat assez favorable, par contre la latitude et l'altitude diminueront certainement la récolte.

Un essai de cannes à sucre a été également fait dans la région. Par suite de conditions de sol très favorables les cannes originaires de Java ont pris un beau développement. Cette expérience ne peut avoir une réelle signification que si la plantation peut disposer de terrains semblables pour étendre cette culture.

Province du Haut-Donnai. — Dans cette province on compte une quarantaine de concessionnaires se livrant aux cultures suivantes : café, thé, produits maraîchers. Les superficies occupées par le café seraient de 1.600 ha., pour le thé de 400 hectares, et environ 500 en cultures diverses. Comme pour le Kontum et le Darlac les plantations sont encore dans une période d'installation et les premières récoltes ne commenceront réellement que dans un ou deux ans. Tout ce qui a été dit pour le Kontum au sujet des procédés culturaux peut également s'appliquer au Haut-Donnai, en y ajoutant ce correctif que la plupart des terrains cultivés sont à une altitude plus haute. La question d'ombrage du caféier reste plus que jamais la base de cette culture.

En ce qui concerne le quinquina, la plus grande prudence devra être observée par les planteurs qui auront tout avantage avant de se lancer dans cette culture à attendre les premiers résultats de la Station de Lang-Hanh.

L. GILBERT,
Chef des Services Agricoles de l'Annam.

TABLE DES MATIÈRES

Chapitre I

Statistique de la production ou de l'exportation, Principaux produits 3

Chapitre II

Climatologie 5

Chapitre III

Crédits affectés au développement agricole du pays — Personnel des Services
agricoles 8

Chapitre IV

Hydraulique agricole 12

Chapitre V

Sériciculture 13

Chapitre VI

Expérimentation agricole :

1° Station expérimentale de Cao-Trai 18
2° Lutte contre la maladie des aréquiers du Huong-Khê 23
3° Station expérimentale de Plei-Ku 25
4° Station expérimentale des quinquinas à Lang-Hanh 41
5° Pépinières de Hué 65

Chapitre VII

Vulgarisation agricole 66

Chapitre VIII

Aperçu de l'année agricole en Annam :

Agriculture indigène 69
Agriculture européenne 83